U0157212

图书在版编目(CIP)数据

我心爱的耀龙 / 内蒙古自然博物馆编著. —
呼和浩特 : 内蒙古人民出版社, 2024.1
(爱上内蒙古恐龙丛书)
ISBN 978-7-204-17742-4

Ⅰ. ①我… Ⅱ. ①内… Ⅲ. ①恐龙-青少年读物
Ⅳ. ①Q915.864-49

中国国家版本馆 CIP 数据核字(2023)第 194394 号

我心爱的耀龙

作　　者　内蒙古自然博物馆
策划编辑　贾睿茹　王　静
责任编辑　蔺小英
责任监印　王丽燕
封面设计　王宇乐
出版发行　内蒙古人民出版社
地　　址　呼和浩特市新城区中山东路 8 号波士名人国际 B 座 5 层
网　　址　http://www.impph.cn
印　　刷　内蒙古爱信达教育印务有限责任公司
开　　本　889mm×1194mm　1/16
印　　张　5
字　　数　160 千
版　　次　2024 年 1 月第 1 版
印　　次　2024 年 1 月第 1 次印刷
书　　号　ISBN 978-7-204-17742-4
定　　价　48.00 元

“爱上内蒙古恐龙丛书”

编 委 会

NEIMENGGU KONGLONG XINWENZHAN

恐龙快讯

恐龙世界

观看在线视频，享受视觉盛宴

走近恐龙，
揭开不为人知的秘密!!!

恐龙拼图

恐龙的种类上千种

你最喜爱哪一种？

玩拼图游戏，拼出完整的恐龙模样

恐龙访谈

倾听恐龙的心声

听说恐龙们都很有故事。

没办法，活得久见得多。

请展开讲讲……

内蒙古人民出版社特约报道

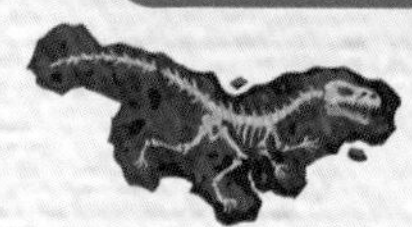

内蒙古自治区宁城县

温度：24℃

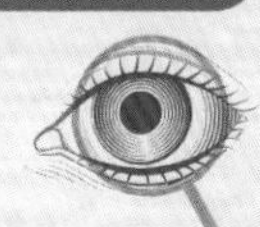

前　言

数亿年来，地球上出现过许多形形色色的动物，恐龙是其中最令人着迷的类群之一。恐龙最早出现在三叠纪时期，在之后的侏罗纪和白垩纪时期成为地球上的霸主。那时，恐龙几乎占据了每一块大陆，并演化出许多不同的种类。目前世界上已经发现的恐龙有1000多种，而尚未被发现的恐龙种类或许远超这个数字。

你知道吗？根据中国古动物馆统计，截至2022年4月，中国已经根据骨骼化石命名了338种恐龙，而且这个数字还在继续增长。目前，古生物学家在我国的26个省区市发现了恐龙化石，其中，内蒙古仅次于辽宁，是发现恐龙化石种类第二多的省区。

内蒙古现有40多种恐龙被命名，种类丰富，有很多具有重要的科研价值，如巴彦淖尔龙、独龙、乌尔禾龙和绘龙等。

你知道哪只恐龙创造过吉尼斯世界纪录吗？你知道哪只恐龙被称为“沙漠王者”吗？你知道哪只恐龙练就了“一指禅”功法吗？这些问题，在“爱上内蒙古恐龙丛书”中，都能找到答案。

“爱上内蒙古恐龙丛书”选取了12种有代表性的在内蒙古地区发现的恐龙，即巴彦淖尔龙、中国鸟形龙、临河盗龙、临河爪龙、乌尔禾龙、鄂托克龙、阿拉善龙、鹦鹉嘴龙、巨盗龙、绘龙、独龙和耀龙，详细介绍了这些恐龙的外形特征、发现过程以及家族成员等。每一种恐龙都有一张属于自己的“名片”，还有精美清晰的“证件照”，让呈现在读者面前的恐龙更加鲜活生动。

希望通过本丛书的出版，让大家看到内蒙古恐龙，乃至中国恐龙研究的辉煌成就，同时激发读者对自然科学的兴趣。

在丛书的编写过程中，我们借鉴了业内专家的研究成果，在此一并致谢！

02
我心爱的
耀龙

第一章 恐龙驾到

在鸟类王国中，许多雄鸟会用艳丽的羽毛装扮自己。每到繁殖期，它们就会奋力地展示自己华丽多彩的冠或者尾巴等装饰物，以博得异性的青睐。比如孔雀，雄性孔雀会展开自己的尾羽，向心仪的伴侣展示自己的美丽。而这样的行为，在亿万年前的恐龙身上，也有迹可循。在侏罗纪时期的大地上，论爱美，爱炫耀，耀龙当属第一。

耀龙炫耀的资本是和孔雀相似的尾羽。它只有高高竖起的四根尾羽，远没有孔雀的尾羽丰满。可即便是这样，也可以称得上是恐龙族群中的“万人迷”了。

下面就随恐龙猎人诺古一起重返侏罗纪，共同探索耀龙的秘密吧！

羽毛创意艺术大赛

参赛者以羽毛为材料，以“新生”为创作主题，发挥个人才华与创造能力，完成原创设计作品。

比赛设置四个奖项：一、二、三等奖和优秀奖。

征集日期：

即日起至2024年12月。

Epidexipteryx hui

胡氏耀龙

Lynx lynx

诺古

哈啰，大家好，我是胡氏耀龙。

耀龙先生，您好，感谢您能参加恐龙访谈节目，为我们揭开您的身世之谜。

不必客气，其实我也想借此机会为我的家族正名。

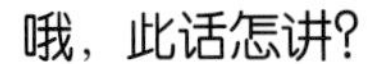

访谈

恐龙气象局温馨提示：

未来两天不会降雨

天气晴，可正常外出

主持人：诺古 本期嘉宾：胡氏耀龙

这样的描述是您应得的呀，您可是整个恐龙族群中的“颜值担当”。

“颜值担当”这一点，倒是毋庸置疑，可我的名字还另有深意……

那您快和我们讲一下吧。

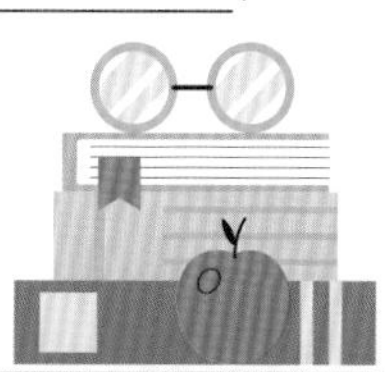

其实，我们并不是徒有其表。我们的名字还承载着中国古生物学界对一位英年早逝的古生物学家——胡耀明先生的敬意。

化石猎人成长笔记

胡耀明

中国古生物学家，1997 年在国际学术刊物《Nature》杂志上以第一作者的身份发表论文《热河生物群第一件哺乳动物——张和兽》，引起国际古生物学界的极大关注，可他鲜活的生命最终停留在 42 岁。2008 年，古生物学家将发现的一块与鸟类极具亲缘的恐龙化石命名为“胡氏耀龙”，以纪念胡耀明做出的贡献。

原来是这样啊，还好今天把您请到了访谈室，不然我们可能永远都无法知道这一点。

其实外界对于我们的很多认识只停留在表面！你知道吗，我们的体形很小，看上去和鸟类相似。

那您到底属于鸟类还是恐龙呢?

胡氏耀龙

虽然我们的外形看上去和鸟类极其相似，但古生物学家将我们的特征与其他恐龙和鸟类的特征进行对比、分析后发现，我们仍是恐龙大家族中的一员，只是与鸟类的亲缘关系很近罢了。

这样说来，您的发现为研究鸟类的起源提供了非常有力的证据。

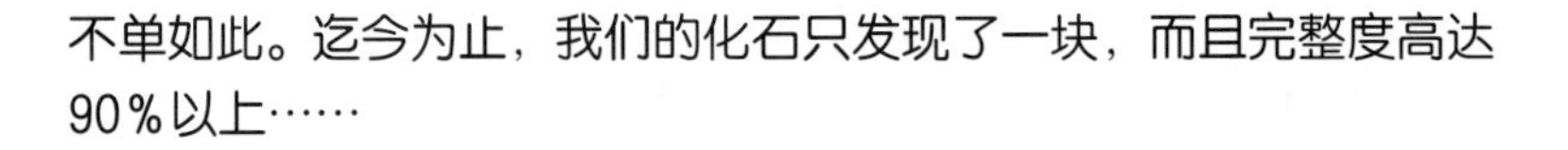

不单如此。迄今为止，我们的化石只发现了一块，而且完整度高达90%以上……

胡氏耀龙化石

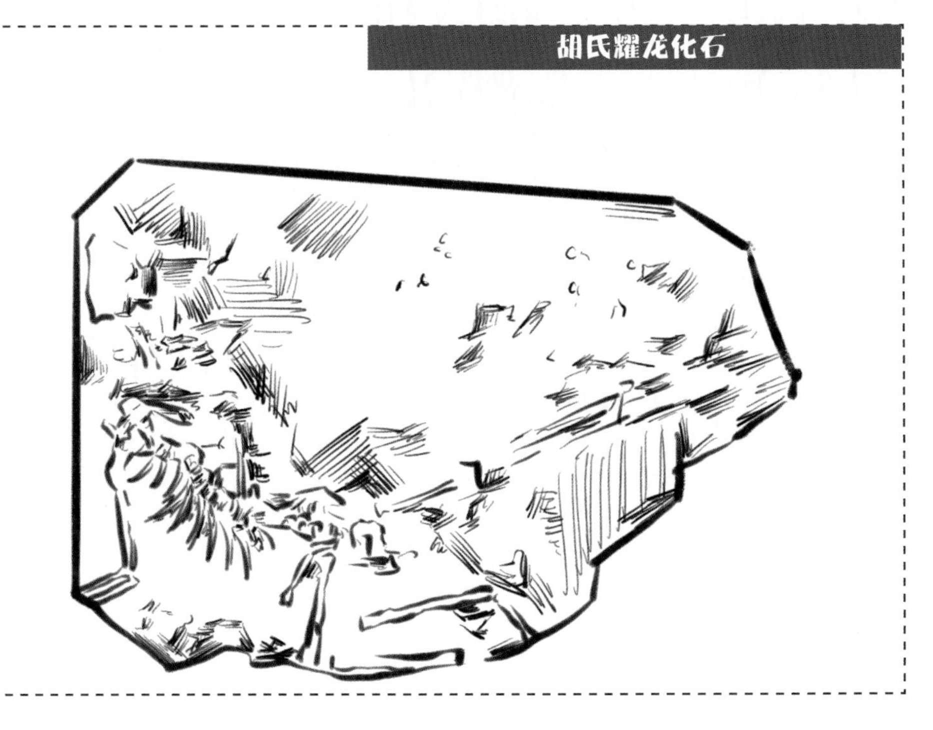

不好意思，打断一下，您是说到目前为止只发现了一块耀龙化石吗?

没错，所谓物以稀为贵，说的就是我们。虽然只有一块化石，但是上面清晰地显示出我身体上羽毛的结构以及漂亮的尾羽。

哇，那您一定可以飞行，好羡慕啊！

飞？你想多了。

那您身上那些漂亮的羽毛到底有什么作用呢？

有些人认为我的尾羽可以像孔雀一样恐吓敌人，有些人认为我的尾羽可以向同伴传递信息，有些人认为我的尾羽只是用来展示和炫耀。到底孰是孰非，你们自己去探索吧！

啊……这，那您能告诉我吗？是不是有漂亮尾羽的耀龙都是雄性？

并非如此，鸟类王国里存在这样的现象。可在侏罗纪时期，这只能说明我们具有雌雄分化的特征罢了。

原来是这样啊。听您说了这么多，我受益匪浅。您能多给我介绍一些与您和您的家族有关的事情吗？

当然可以。提到我的家族，就不得不提到燕辽生物群。

燕辽生物群？我只知道澄江生物群，其中有寒武纪时期的“地球霸主”——奇虾，以及地球上最早的脊椎动物——昆明鱼。

化石猎人成长笔记

奇虾

奇虾曾经是地球上的一位霸主，它们是顶级的猎食者，又被称为“恐虾”。因为它们真的很恐怖，有2米长的身体和坚硬的前肢，还有巨大的眼睛。它们身上最恐怖的是嘴巴，像一个大吸盘。只要猎物进入奇虾的口中，就只能等待死亡的降临。

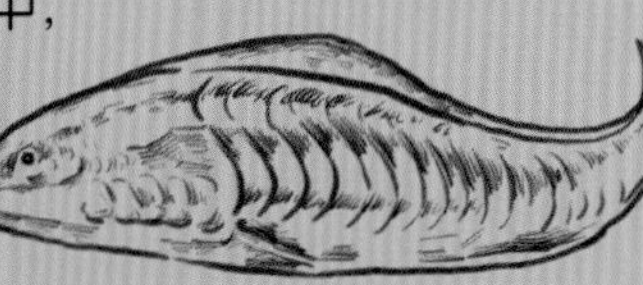

昆明鱼

昆明鱼是目前发现的地球生命中最古老的脊椎动物，处于脊椎动物进化阶梯的最底层。它们不仅拥有脊椎，还拥有头颅和嗅觉系统。

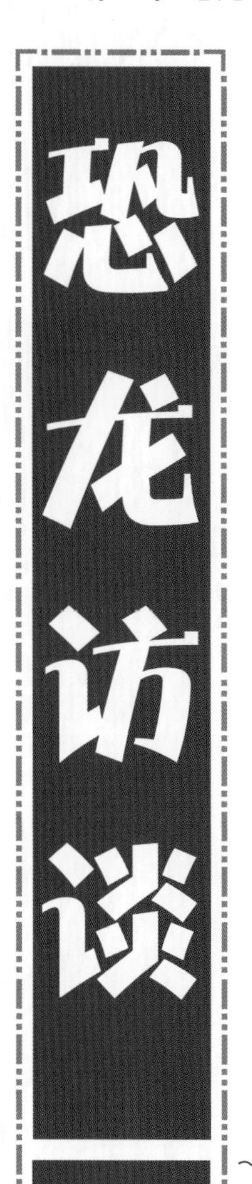

燕辽生物群出现的时间比澄江生物群晚，记录了侏罗纪时期脊椎动物的演化史。燕辽生物群中的动物，尺寸都很小。

有多小呢?

最大的不超过你们现代的野鸡。此外，化石中还保存有羽毛和一些软体组织的痕迹，这是非常难得的。

好神奇呀！当时的地理环境肯定十分特殊，才得以保存这些印痕。

嗯，我同意你的观点。

这样说来，我猜您一定是发现于燕辽生物群。

没错，这个生物群的分布范围其实就是中国古代燕国和辽国疆域的范围，所以被称为“燕辽生物群”。我和我的族人树息龙都是在这里首次被发现，下面我给大家一一介绍。

第一届
“恐龙奇葩说”
辩论赛即将开始

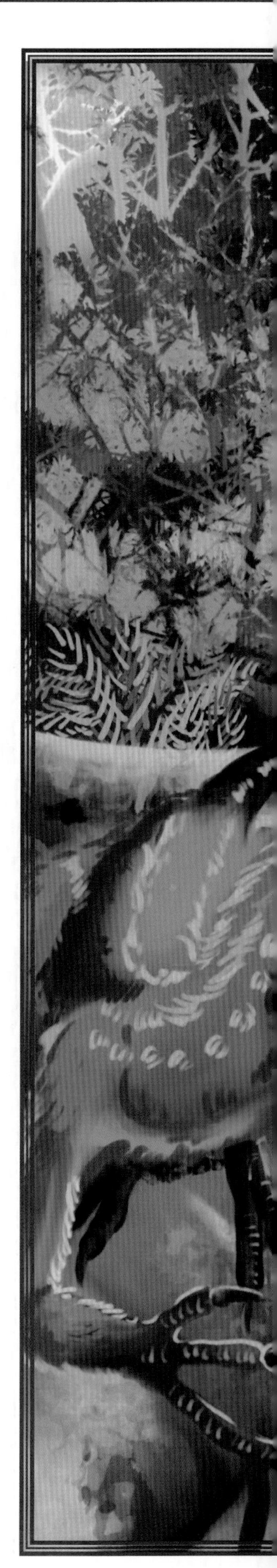

恐龙中的“万人迷”

胡氏耀龙 全部

拉丁文学名：*Epidexipteryx hui*

属名含义：炫耀的羽毛

生活时期：侏罗纪时期（约 1.6 亿年前）

化石最早发现时间：2006 年

胡氏耀龙的头部

胡氏耀龙是擅攀鸟龙家族中的一种小型兽脚类恐龙，大小和鸽子相近。迄今为止，只在内蒙古宁城县发现了一块成年体化石，上面清晰地呈现出四根漂亮的带状尾羽，并且可以分辨出羽轴、羽片等。

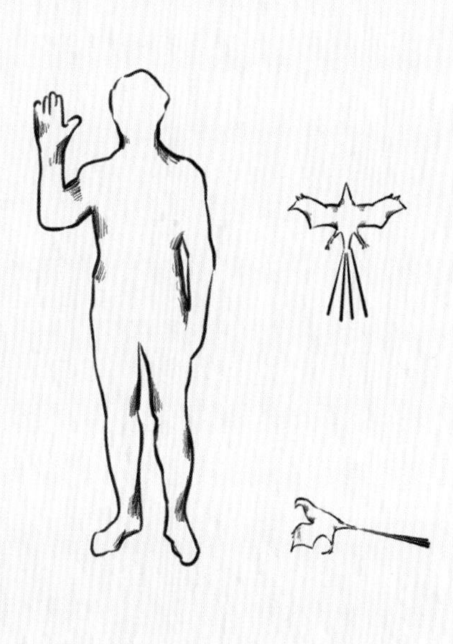

耀龙和人类的对比图

耀龙的尾羽长约 20 厘米，可以优雅地展开，是世界上已知最早的装饰性羽毛。它们的身体上还覆盖着结构简单的羽毛，不过翅膀上的羽毛还没有发育完全，所以不能飞行。身体上的羽毛对于它们来说可能具有保温的作用，而尾羽可能除了可以炫耀之外，还可以用来恐吓敌人。

胡氏耀龙 全部

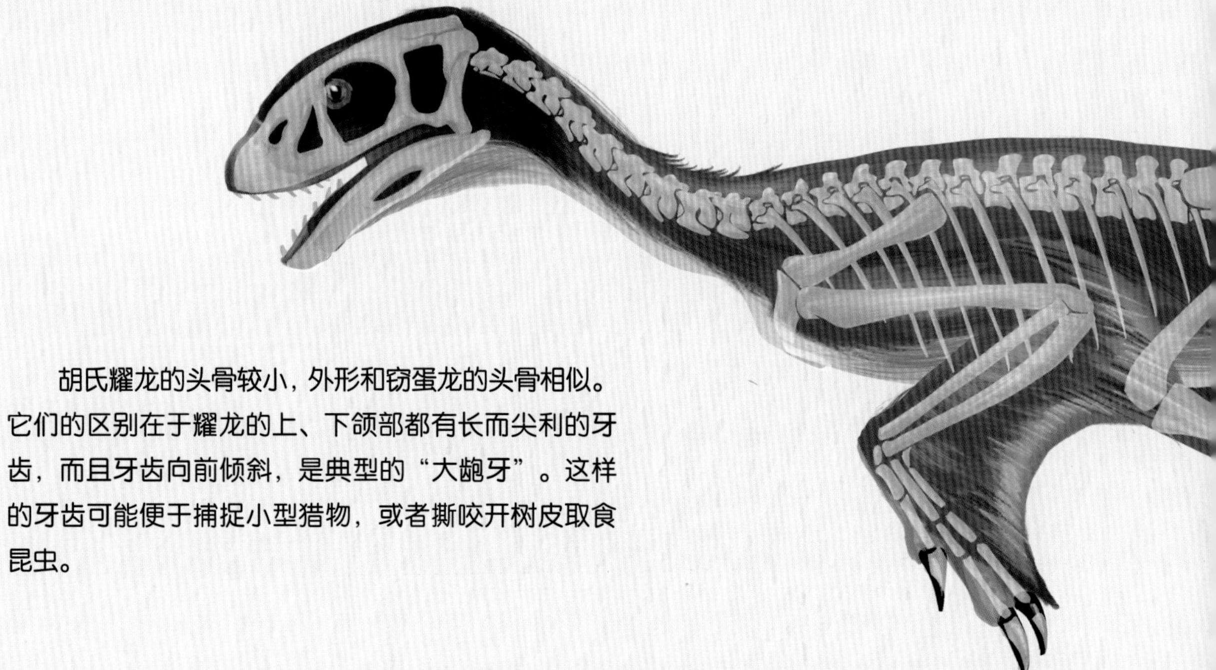

胡氏耀龙的头骨较小，外形和窃蛋龙的头骨相似。它们的区别在于耀龙的上、下颌部都有长而尖利的牙齿，而且牙齿向前倾斜，是典型的“大龅牙”。这样的牙齿可能便于捕捉小型猎物，或者撕咬开树皮取食昆虫。

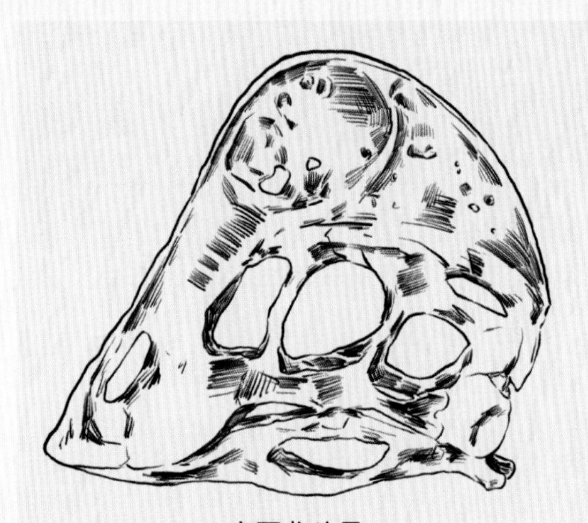

窃蛋龙头骨

更为奇特的是，胡氏耀龙这些牙齿出现分化，大小不一，有点像犬齿或者门齿。这种奇特的结构在恐龙家族中十分罕见。

犬齿是哺乳类以及与哺乳类动物相似的动物，位于门齿和前臼齿之间又长又尖的牙齿。肉食性动物的犬齿比较发达，可以一招制敌，咬死猎物。

犬齿

门齿就是我们常说的板牙，主要是上下颌部前面的牙齿。

门齿

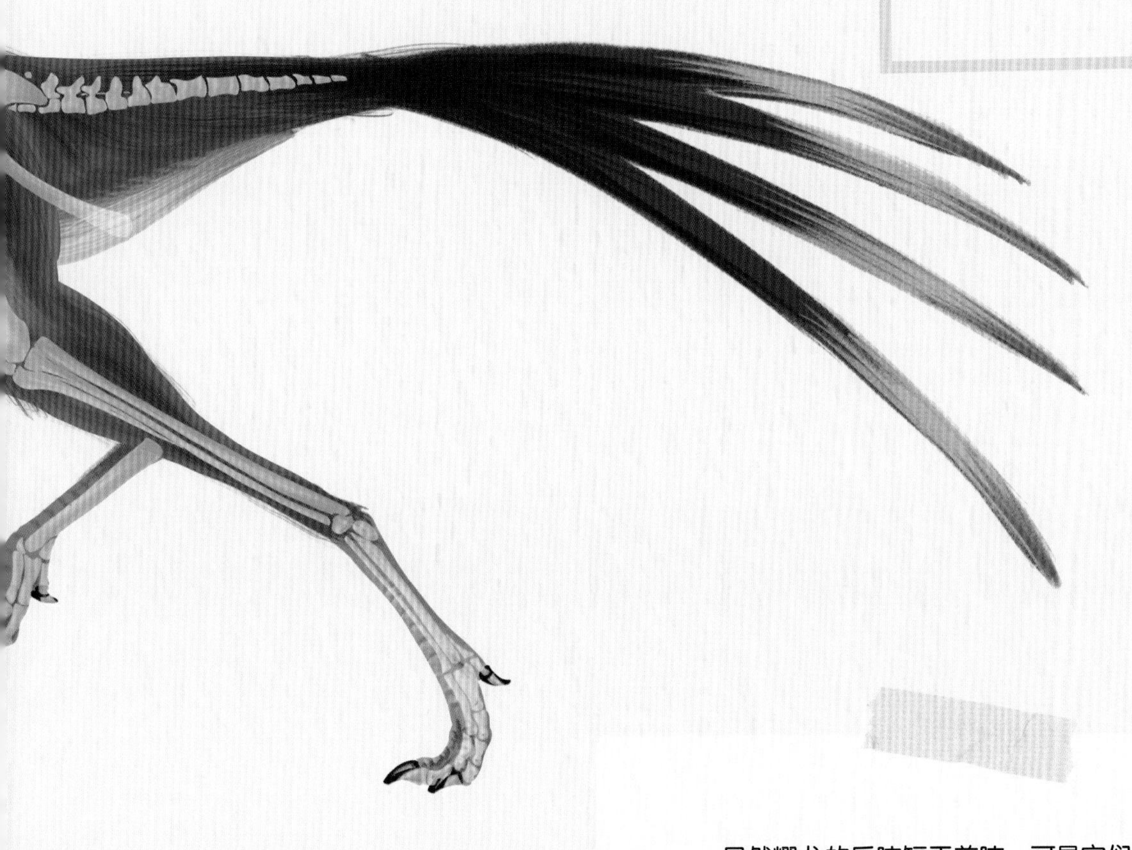

虽然耀龙的后肢短于前肢，可是它们仍是依靠后两足行走，前肢慢慢发育成翅膀。它们的坐骨长于耻骨，而且坐骨末端较大。耀龙最大的特点是尾椎退化严重，只有16节，并且末端愈合，类似于尾综骨，漂亮的尾羽就附着在上面。

耀龙家族树

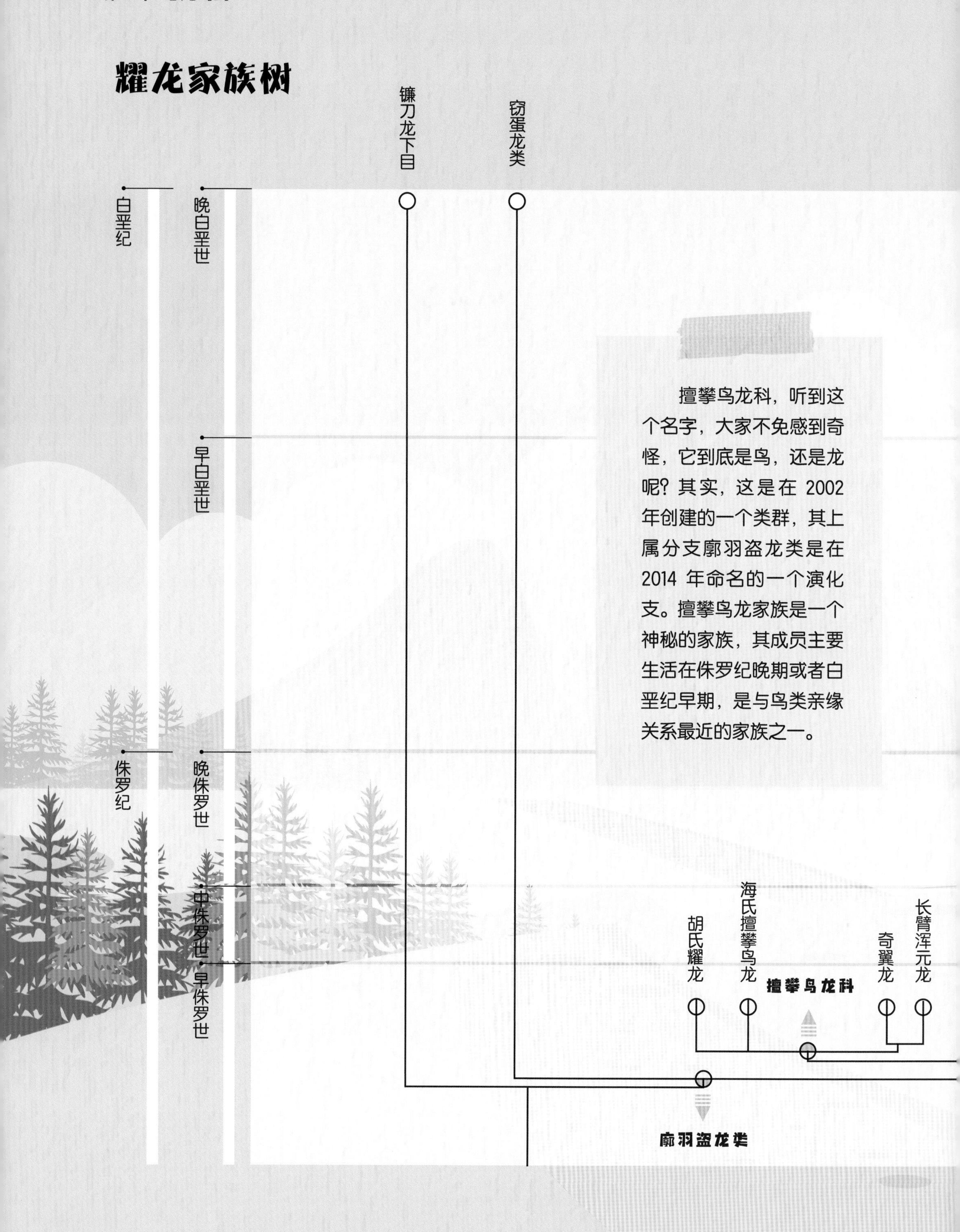

擅攀鸟龙科，听到这个名字，大家不免感到奇怪，它到底是鸟，还是龙呢？其实，这是在 2002 年创建的一个类群，其上属分支廓羽盗龙类是在 2014 年命名的一个演化支。擅攀鸟龙家族是一个神秘的家族，其成员主要生活在侏罗纪晚期或者白垩纪早期，是与鸟类亲缘关系最近的家族之一。

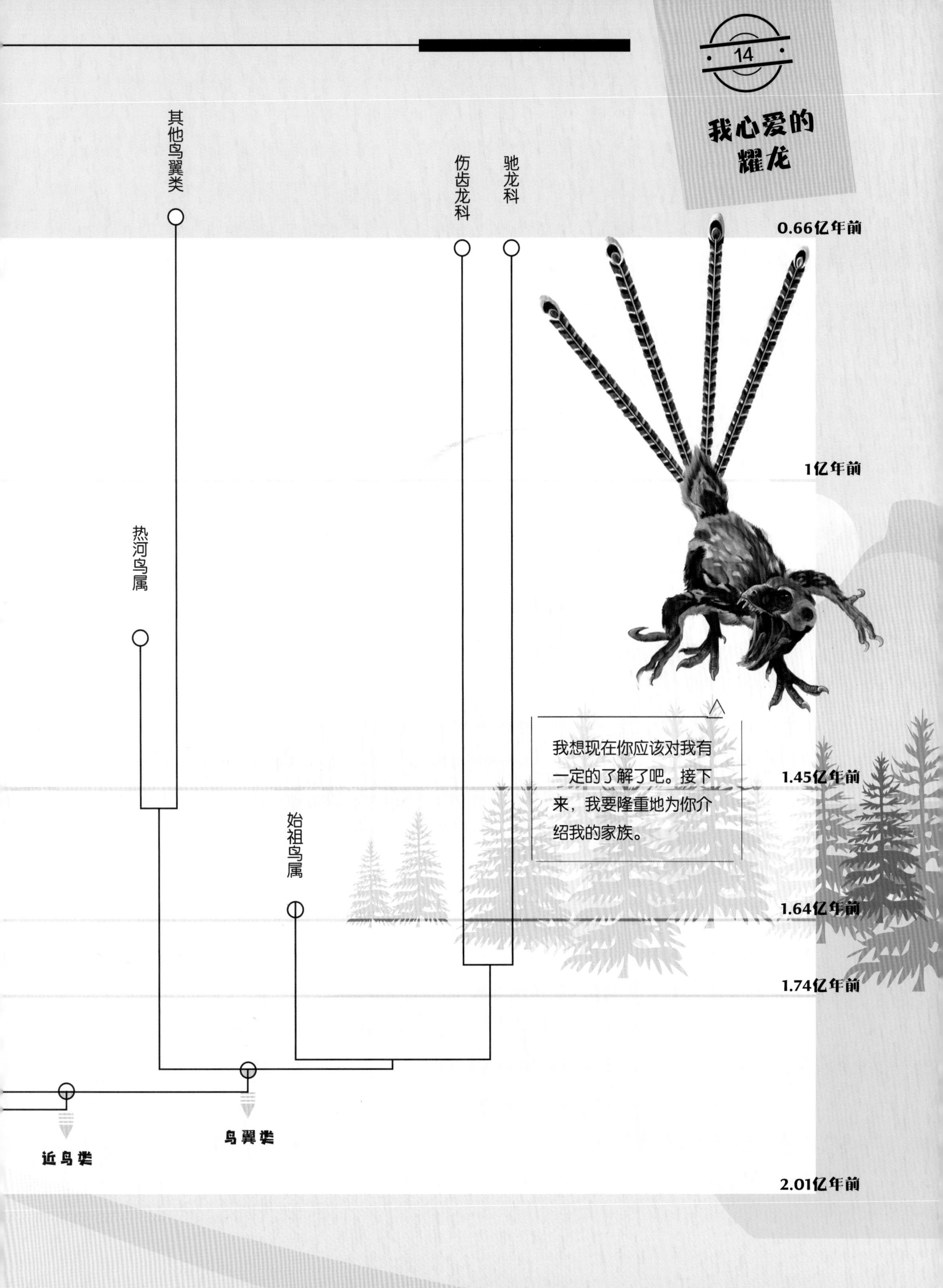
其他鸟翼类
伤齿龙科
驰龙科
0.66亿年前
1亿年前
热河鸟属
我想现在你应该对我有一定的了解了吧。接下来，我要隆重地为你介绍我的家族。
1.45亿年前
始祖鸟属
1.64亿年前
1.74亿年前
鸟翼类
近鸟类
2.01亿年前

第二章 恐龙速递

大约在 2.3 亿年前的三叠纪，一类名叫恐龙的爬行动物出现了，它们是中生代时期的主要居民，几乎占据了当时的每一片大陆。

我心爱的耀龙

迄今为止，全世界发现的恐龙有 1000 多种。古生物学家根据恐龙的骨骼特征等，将恐龙分为诸多家族，如甲龙类、剑龙类和角龙类等。每一个家族包含许多成员，它们虽为同一家族，却各具特点：有些尾巴上长着“大锤”，有些尾巴上长着尖刺；有些喜欢吃植物，有些喜欢吃鱼；有些头上长着“长管”，有些头上戴着“头盔”……

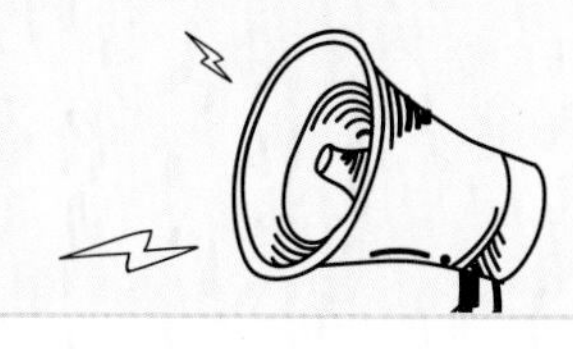

我是爬树小能手

海氏擅攀鸟龙　　全部

拉丁文学名： *Scansoriopteryx heilmanni*

名称含义： 攀爬的翼

生活时期： 侏罗纪时期（约 1.6 亿年前）

命名时间： 2002 年

海氏擅攀鸟龙中的种名“海氏”，指的是丹麦古生物学家 Gerhard Heilmann。他在1926年出版了一本书，名为《鸟的起源》。书中提出鸟类和恐龙之间没有关系，这一观点在后来的十年中一直影响着古生物学家的研究。虽然这一观点在后期被推翻，但 Gerhard Heilmann 在鸟类进化的研究方面做出了巨大的贡献，这一点是毋庸置疑的。

海氏擅攀鸟龙的化石及复原图

目前发现的海氏擅攀鸟龙化石为一个麻雀大小的未成年个体，骨骼完整度不高，比较散乱。

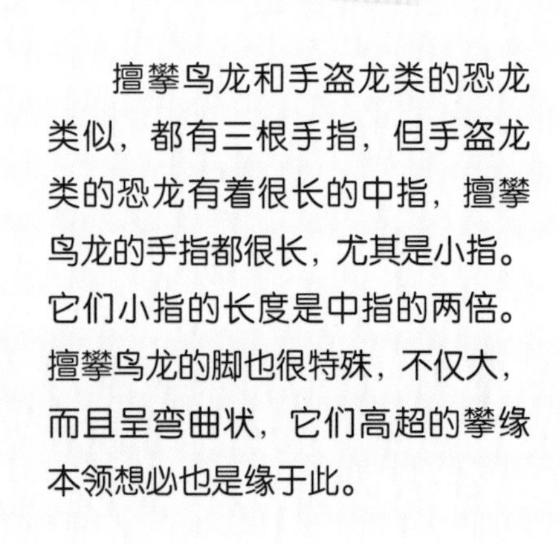

擅攀鸟龙和手盗龙类的恐龙类似，都有三根手指，但手盗龙类的恐龙有着很长的中指，擅攀鸟龙的手指都很长，尤其是小指。它们小指的长度是中指的两倍。擅攀鸟龙的脚也很特殊，不仅大，而且呈弯曲状，它们高超的攀缘本领想必也是缘于此。

擅攀鸟龙和人类对比图

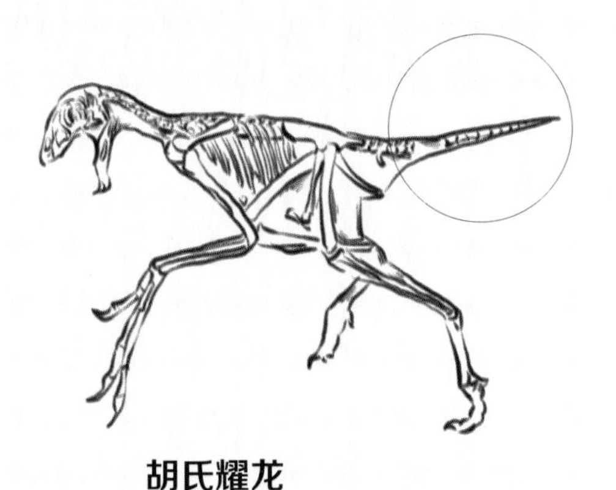

胡氏耀龙

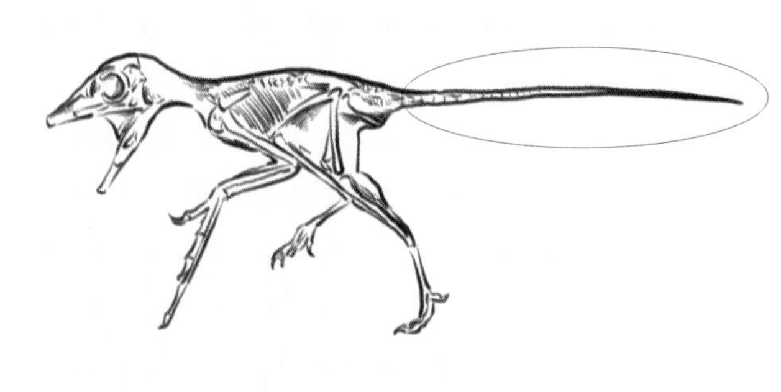

海氏擅攀鸟龙

擅攀鸟龙家族的成员几乎都长着长长的尾巴，擅攀鸟龙尾巴的长度是身体长度的三倍。它们的身体上覆盖着结构简单的羽毛，看上去毛茸茸的。即便如此，飞行对它们而言，还是可望而不可即的事情。

我是奇翼，不是奇异

奇翼龙 **全部**

拉丁文学名：*Yi qi*

名称含义：奇怪的翅膀

生活时期：侏罗纪时期（约 1.6 亿年前）

命名时间：2015 年

奇翼龙是在 2015 年由古生物学家徐星命名的。奇翼龙的属名为汉语拼音“Yi”，是目前所命名的恐龙中属名最短的恐龙。可是这个名字容易和翼龙（一种会飞的爬行动物）混淆，为便于区分，古生物学家把这种新发现的恐龙称为“奇翼龙”。

徐星

徐星是世界上命名恐龙有效属种最多的学者之一，如窃蛋龙类、镰刀龙类等。他在研究鸟类起源和羽毛起源等方面也做出了重大贡献。本想成为一名物理学家的他，阴差阳错地成为一名优秀的古生物学家。

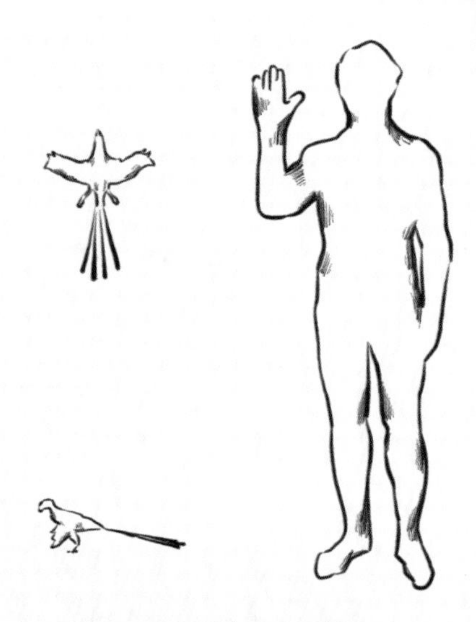

奇翼龙和人类对比图

擅攀鸟龙这一家族算是恐龙中的异类，而奇翼龙则属于异类中的异类。它们长相奇特，前肢有三指，而且第三指远远长于其他两指。它们的腕部还有一根细长的棒状骨头，这种骨头只在一些可以飞行的四足动物的腕部发现过，而在恐龙家族中，这是一种很诡异的存在。

目前只发现了一块奇翼龙成年个体的化石，上面还保存有软组织结构。经古生物学家研究，奇翼龙的前肢长有皮膜，而那根细长的棒状骨头可以辅助奇翼龙的长手指撑开皮膜，就像翼龙的骨翅。据古生物学家徐星推测，奇翼龙很可能是以滑翔为主。

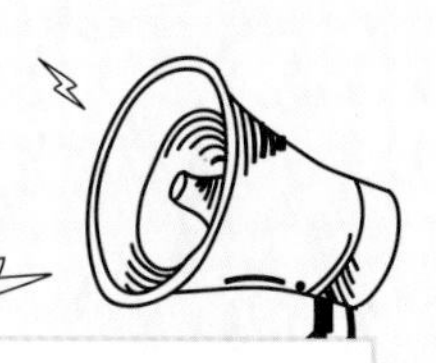

恐龙中的“蝙蝠侠”就是我

长臂浑元龙 全部

拉丁文学名：*Ambopteryx longibrachium*

名称含义：有长长前肢的混合体

生活时期：侏罗纪时期（约 1.63 亿年前）

化石最早发现时间：2017 年

2019 年发现的长臂浑元龙化石是擅攀鸟龙家族中目前所发现的最完整的一块化石。长臂浑元龙既有恐龙的特点，又有翼龙和蝙蝠的特点，好像是由几种生物组合而成的。

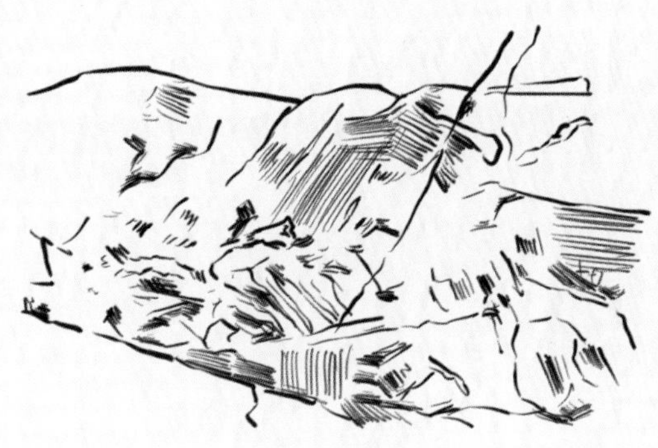

长臂浑元龙化石

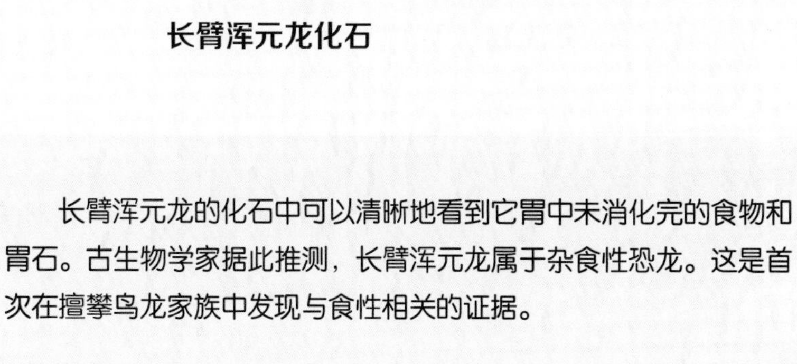

长臂浑元龙的化石中可以清晰地看到它胃中未消化完的食物和胃石。古生物学家据此推测，长臂浑元龙属于杂食性恐龙。这是首次在擅攀鸟龙家族中发现与食性相关的证据。

长臂浑元龙体形很小，拥有一双可以在阴暗环境中看清物体的大眼睛。它们的牙齿尖利，前肢特别长，约是后肢的1.3倍，有利于在树上攀爬。

长臂浑元龙骨架

长臂浑元龙和奇翼龙相似，都长着细长的棒状骨头和翼膜，这使它们具备了滑翔的能力。这表明棒状骨头和翼膜的确存在于擅攀鸟龙家族。长臂浑元龙的尾骨很短，使它们在滑翔时能保持稳定。不论是奇翼龙还是长臂浑元龙，它们的发现让我们知道恐龙曾勇敢尝试着飞向蓝天。

第三章 恐龙猎人

中生代可谓是爬行动物的天下，无论是海洋、天空还是陆地，都有它们的身影。海洋中，有鱼龙类和蛇颈龙类等海生爬行动物占据；天空中，有翼龙这种会飞的爬行动物翱翔；陆地上，被称为“恐怖蜥蜴”的恐龙称霸一方。

恐龙在地球上统治了 1.6 亿年之久。除陆地外，它们还涉足天空和海洋。恐龙拥有惊人的适应能力，随着环境的变化，演化出独特的身体结构，有着各种不同的生存技能，是中生代时期最繁盛和最具生存优势的脊椎动物。

我心爱的耀龙

虽然目前已经发现和认识了许多恐龙，但还有很多与恐龙相关的内容有待我们进一步发掘。如果你对自然充满好奇，那就请随我们一起回到恐龙世界吧，不断经受磨炼，成长为一名优秀的恐龙猎人！

还没有灭绝的“恐龙”

你知道吗？地球的生命历程已经有46亿年。46亿年，对于我们来说，是一个无法想象的时间维度。

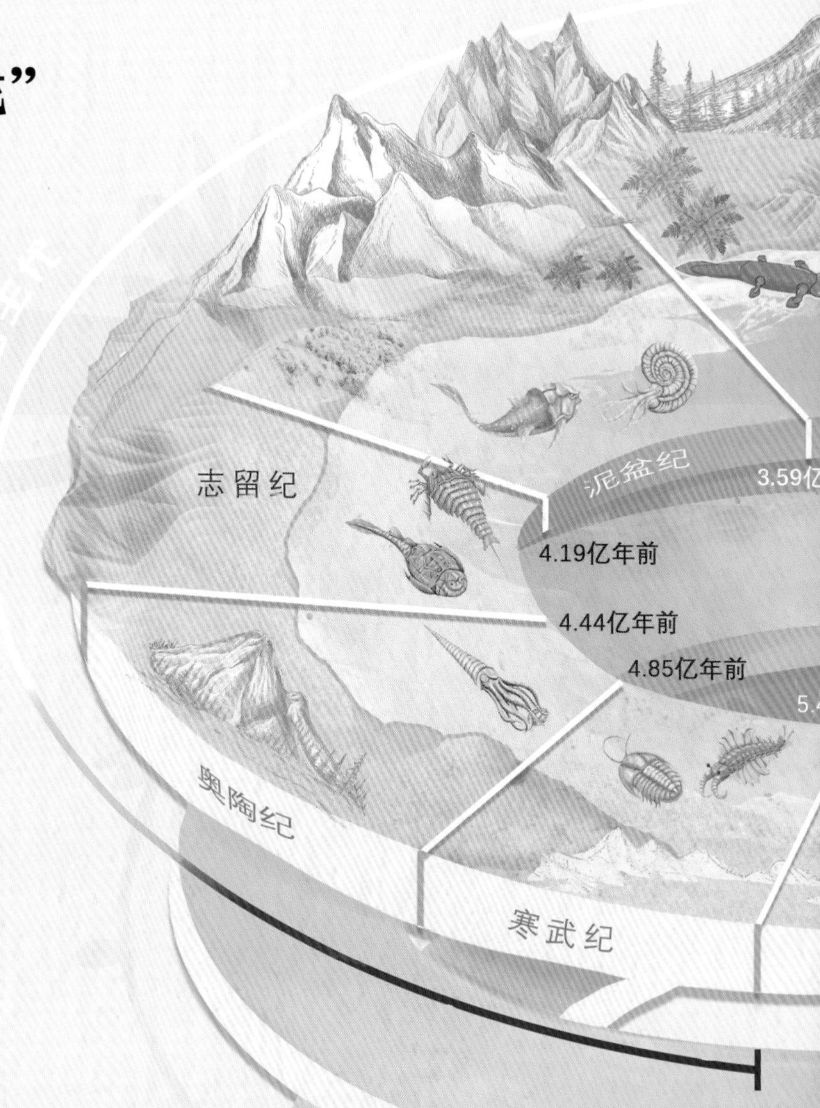

如果将这漫长的时间浓缩成为24小时，或许会更容易理解。那么，00：00便是地球诞生的时刻，然后它以每秒5.2亿年的速度运转，直至凌晨04：00，早期的生命才开始出现。而曾经的地球霸主恐龙在晚上22：50才出现，仅存在了50分钟左右，便走向灭绝。

不过，幸运的是，有一部分恐龙劫后余生，后来慢慢演化为如今的鸟类。

恐龙是鸟类的祖先？你在开玩笑吧？我猜读到这里，你定会心生疑惑。

19世纪50年代末，著名的生物学家达尔文在《物种起源》一书中提出鸟类是由爬行类动物进化而来的。1860年，在化石圣地——索伦霍芬发现了一块长约6.8厘米，宽约1.1厘米的羽毛化石，上面可以清晰地看到羽轴和羽片等。当时的学者认为，这根羽毛的主人是一只鸟。

索伦霍芬

索伦霍芬是德国巴伐利亚州的一个地方，这里有大量优质的石灰岩，而石灰岩板是石板印刷术必不可少的材料。这里的居民常在这些石板上发现形形色色的动物化石，如鱼类、昆虫和恐龙等，始祖鸟的化石便出土于此。

始祖鸟的羽毛

1861 年 9 月 30 日，同样是在索伦霍芬，人们发现了一块既有羽毛又有骨骼的生物化石。它不仅包含爬行类动物的牙齿，还有鸟类的羽毛，于是古生物学家将它命名为“始祖鸟”。

自这块化石发现以来，有关它的身份之争从未停止。

起初，许多人认为始祖鸟是鸟类的祖先。在始祖鸟约 50 厘米的身体上长着一颗脑容量约 1.6 毫升的脑袋，从这个比例看，始祖鸟算得上拥有侏罗纪时期的 “最强大脑”。始祖鸟还拥有超强的视觉和有利于保持身体平衡的内耳结构。它们的翅膀上覆着羽毛，有一定的飞行能力，种种特点和现代鸟类十分相似。

可人们后来发现，始祖鸟并不属于鸟类，更谈不上是鸟类的祖先。小型兽脚类恐龙才是鸟类的祖先。

这一鸟类起源于恐龙的假说是由达尔文的“铁杆粉丝”赫胥黎提出的。

赫胥黎全名为托马斯·亨利·赫胥黎，英国博物学家，是达尔文的“粉丝”，一生都在竭力传播进化论，是第一个提出人类起源问题的学者。 **赫胥黎**

赫胥黎

据说赫胥黎之所以能提出这一假说，得感谢他在晚宴时吃的一只火鸡。正是因为看到这只火鸡，赫胥黎联想到美颌龙（一种体形似鸡的兽脚类恐龙）的骨骼结构与其十分相似。

火鸡

当然，这个故事的真伪，我们无从考证，但我们要学习故事中所包含的善于观察、勇于探索的科学精神。

就这样，始祖鸟渐渐地退出了“始祖的舞台”。但不容置疑的是，它们既有鸟类的特点，又有恐龙的特点，为探索鸟类的起源提供了宝贵的证据。

而赫胥黎提出的恐龙起源说在当时那个神学当道的年代备受质疑。沉寂百年后，1973 年，美国古生物学家翰·哈罗德·奥斯特罗姆再次提出了恐龙起源说，从而拉开了鸟类起源于恐龙研究的序幕。

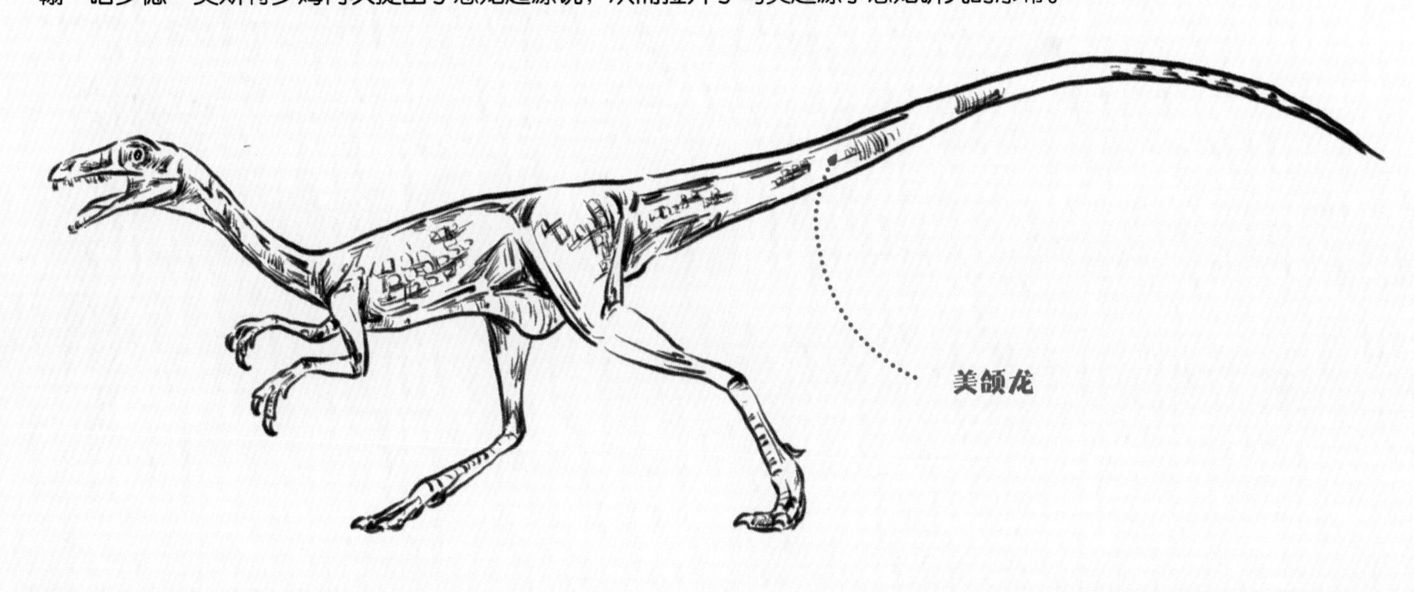

美颌龙

20 世纪 80 年代，一位名叫高迪埃的学者用支序分类学的方法，首次绘制了恐龙到鸟类的演化树。

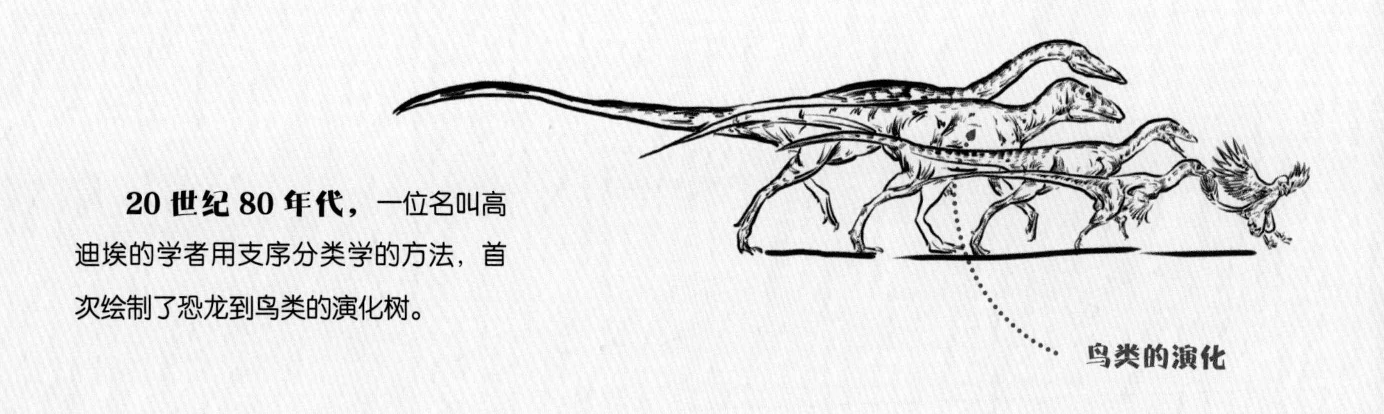
鸟类的演化

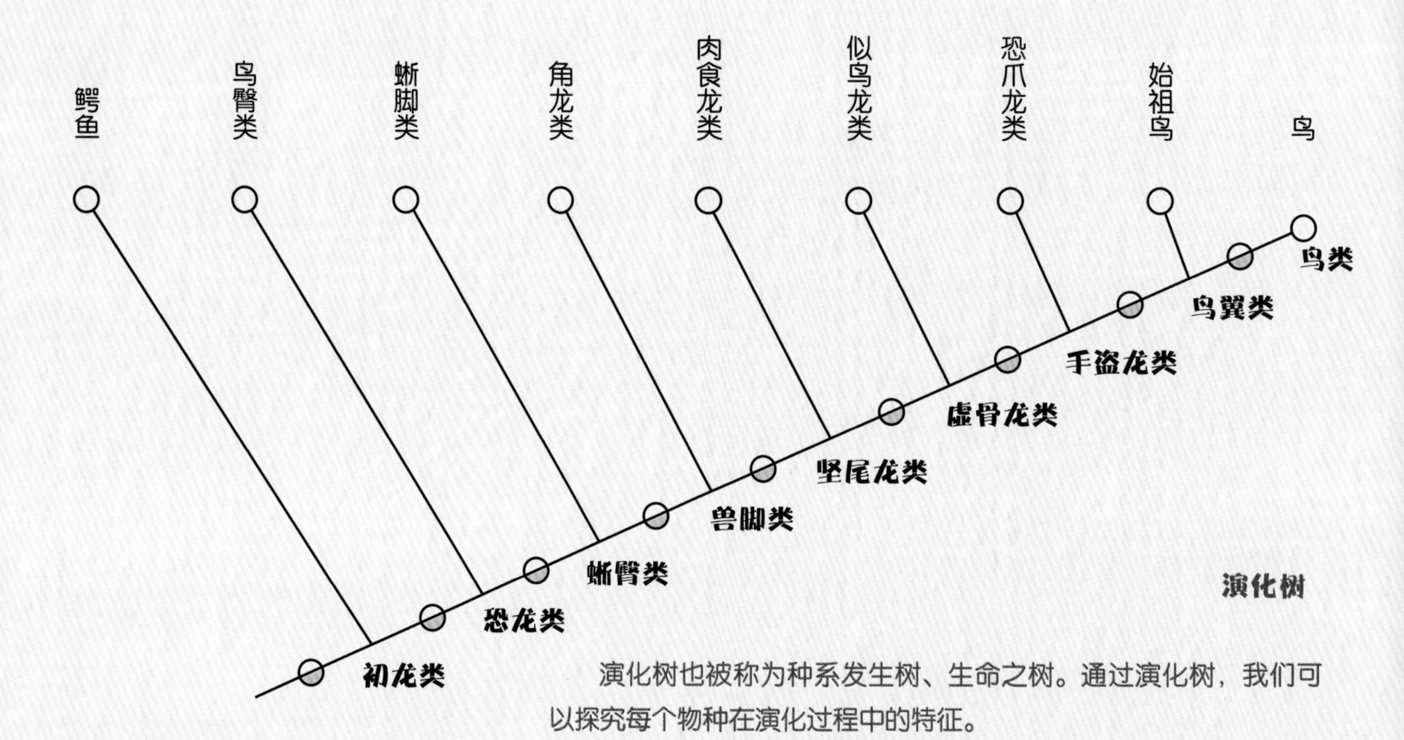

演化树

演化树也被称为种系发生树、生命之树。通过演化树，我们可以探究每个物种在演化过程中的特征。

从 20 世纪 90 年代开始，古生物学家在辽宁省西部和内蒙古宁城县发现了一系列化石，有助于进一步探索鸟类起源的奥秘。这些化石中保存有许多动物的羽毛和软组织印痕。

华丽羽王龙羽毛化石

1996 年 8 月 12 日，一件具有里程碑意义的事情发生了。一位来自辽宁省北票地区的农民偶然间发现了一块保存有生物印记的石板。这块石板分开后，凹面和凸面都有珍贵的化石。

中华龙鸟

之后，这位农民带着这块石板的凸面来找时任中国地质博物馆馆长的季强。这块化石保存完好，牙齿、内脏印痕以及巩膜环都清晰可见。

更为奇特的是，化石上面还有一些丝状的纤维结构，这在过去发现的动物化石中从未出现过。经研究，这种纤维结构和哺乳动物的毛发有所不同：哺乳动物的每一根毛发都有一个独立的根，而化石中的纤维结构是源于一个中心点，有点像现代鸟类的羽毛。所以，古生物学家将这块化石命名为“中华龙鸟”，认为它是一种早期的鸟类。

中华龙鸟的纤维状原始羽毛

数年后，古生物学家进一步研究后发现，这种纤维结构和现代鸟类的羽毛有不同之处，而且这一动物的骨骼特征和小型兽脚类恐龙美颌龙相似。所以，中华龙鸟最终被归为恐龙，但其名字没有更改，仍称原名。

季强是著名的古生物学家，有“龙鸟之父”之称，对鸟类起源的研究做出重大贡献。

季强

中华龙鸟是恐龙向鸟类演化的过渡环节，为赫胥黎的恐龙起源说提供了直接依据。100 多年前对赫胥黎冷嘲热讽的人们根本不会想到，中华龙鸟的发现会将鸟类的演化研究推向一个新的高潮。

1997 年 3 月，在辽宁省西部的热河生物群，发现了第二块带有羽毛的恐龙化石——原始祖鸟。

原始祖鸟

原始祖鸟比始祖鸟更加古老，是一种与火鸡大小相近的兽脚类恐龙。体长约 1 米，后肢粗壮，前肢细长，有三个锋利的爪子。

原始祖鸟的尾部保存有真正的羽毛结构，细长的羽轴上分布着对称的羽片和中空的骨头等。这些特点虽然与现代鸟类相似，但它们的羽毛并不是飞羽，可能无法提供上升力，从而只能滑翔。即便如此，原始祖鸟的发现模糊了鸟类和恐龙之间的界限，也打破了人们的认知：羽毛是鸟类的专属。

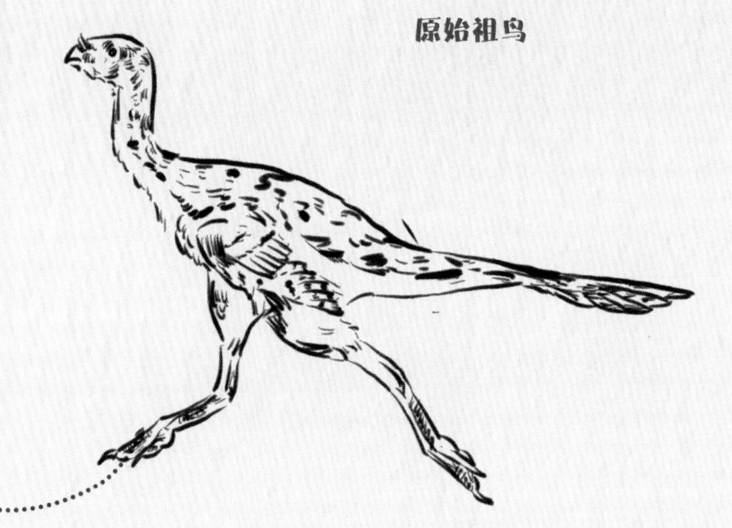

原始祖鸟

在演化关系上，原始祖鸟比中华龙鸟更接近鸟类。

2009 年 9 月，古生物学家徐星在辽宁地区发现了一块有羽毛印痕的恐龙化石，并给这只外形似鸟的恐龙起名为“赫氏近鸟龙”。其中，“赫氏”指的是最早提出鸟类起源于恐龙假说的赫胥黎。

这块化石清晰地呈现出赫氏近鸟龙前、后肢以及尾部的羽毛痕迹。

更为奇特的是，它有四个翅膀，而且趾骨上还附着有羽毛，可以说几乎全身都被羽毛覆盖。赫氏近鸟龙的飞羽比始祖鸟的飞羽小，它们纤细的羽轴和对称的羽片似乎也并不适合飞行，但它们是目前已知最早的带羽毛的恐龙之一，比始祖鸟还要早 1000 多万年。

赫氏近鸟龙的发现补上了恐龙向鸟类进化的关键一环，为恐龙起源说提供了重要依据，完美地佐证了赫胥黎在 100 多年前提出的观点。

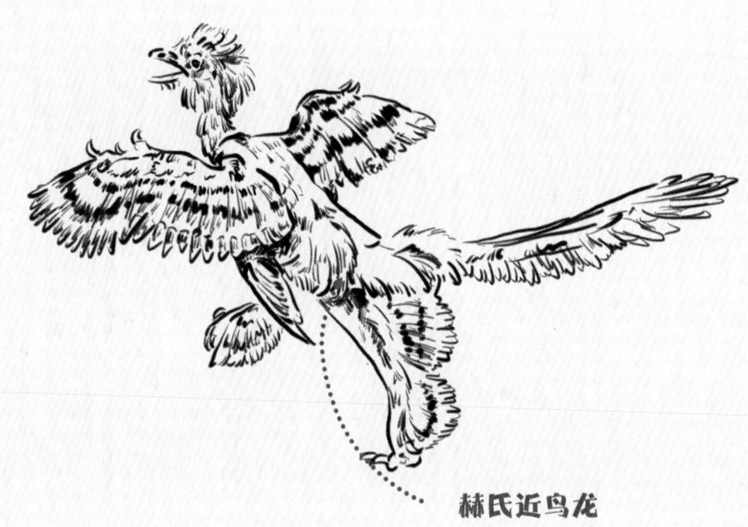
赫氏近鸟龙

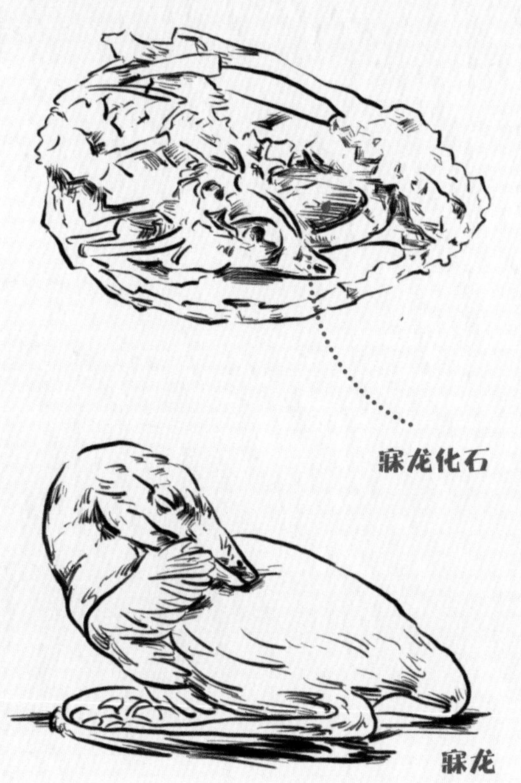
寐龙化石

寐龙

除此之外，2004 年，由古生物学家徐星命名的寐龙也为恐龙起源说提供了一些依据，它们与现代鸟类的休息方式有着相似之处。寐龙大小和鸭子差不多，因睡姿而得名。

寐龙的化石保存得比较完整。被发现时，它的后肢蜷在身体下面，脸部藏在前肢下面，就像现代的鸟类休息时会把自己团起来一样，这种姿势可以有效地防止热量散失。

鸟类和恐龙除了羽毛和行为外，还有许多相似之处。比如恐龙和鸟类都是羊膜动物；它们在演化过程中，眼球逐渐变大，从而拥有立体视觉；部分骨头中空；等等。

鸟类中空的骨头

除此之外，鸟类和恐龙之间还存在着演化关系。

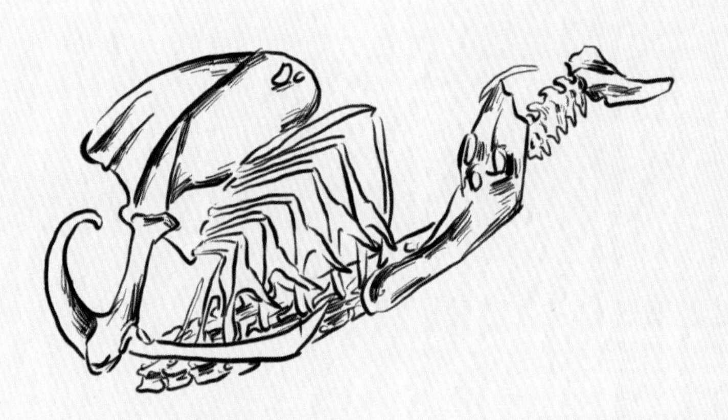

鸟类（北方鹞）的尾综骨

比如最初肉食性恐龙的牙齿上面会有小锯齿，后来慢慢变得光滑，最后逐渐退化成角质喙；肉食性恐龙的前胸片逐渐演化成胸骨，最后演化成为龙骨突；肉食性恐龙的尾椎骨较多而且尾巴较长，后来慢慢地尾巴缩短，尾椎骨变少，最后变为尾综骨。

诸如此类的特点还有很多，所以我们越来越相信恐龙是鸟类的祖先。尽管如此，这还有待于我们进一步去探索，然后一步步地揭开真相。

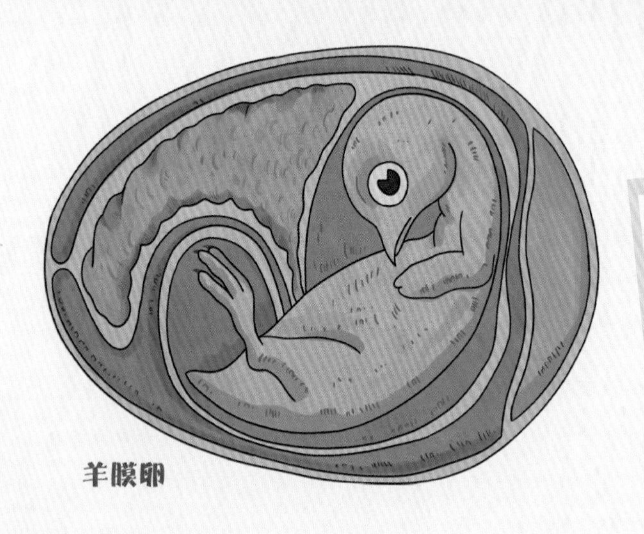

羊膜卵

羊膜动物

能够产羊膜卵的动物叫作羊膜动物。从石炭纪开始，爬行动物能够直接将卵产在陆地上，小动物孵化后，便可以在陆地上生活。卵外面有个硬壳，里面有一层薄膜把水包裹起来保护胚胎，这就是羊膜卵。

当然，还有一部分人无法接受鸟类起源于恐龙这一观点，因而在鸟类的起源问题上，可谓是百家争鸣。

派克鳄化石

对于鸟类的起源，1913 年，南非古生物学家罗伯特 · 布罗姆提出了槽齿类起源假说。

他认为，鸟类起源于某种槽齿类爬行动物，而非恐龙。当时的人们发现，鸟类有锁骨，而恐龙的锁骨退化，所以认为鸟类的祖先不可能是恐龙（后来的研究表明，当时恐龙锁骨的化石数据存在问题）。

派克鳄

罗伯特 · 布罗姆将他发现的一种体形较小、骨骼中空、两足行走的假鳄类化石命名为“派克鳄”，认为它是鸟类的祖先。

在很长一段时间，这种假说一直被学术界推崇，并被收入大学和中学的教科书。所以，从 1927 年开始，在鸟类起源的研究中，恐龙起源说便销声匿迹了。但槽齿类起源假说存在很多问题，比如到目前为止，还没有找到一块从三叠纪晚期到侏罗纪晚期的化石，可以支撑这一假说；始祖鸟发现于 1.5 亿年前的侏罗纪，而派克鳄发现于 2 亿年前的三叠纪，中间约 5000 万年的时间是空白的。而且，“槽齿类”并不是一个单独的分类，我们可以说它也是鳄鱼、恐龙和翼龙的祖先。所以，后来槽齿类起源假说渐渐退出历史舞台。

始祖鸟柏林标本

1972年，关于鸟类的起源，英国古生物学家亚力克·沃克又提出鳄类姊妹群起源假说。学者们将始祖鸟的头骨和鳄类的头骨比较后认为，在现生的羊膜动物中，鳄类的骨骼结构与鸟类有许多相似之处，所以它们有着共同的祖先。

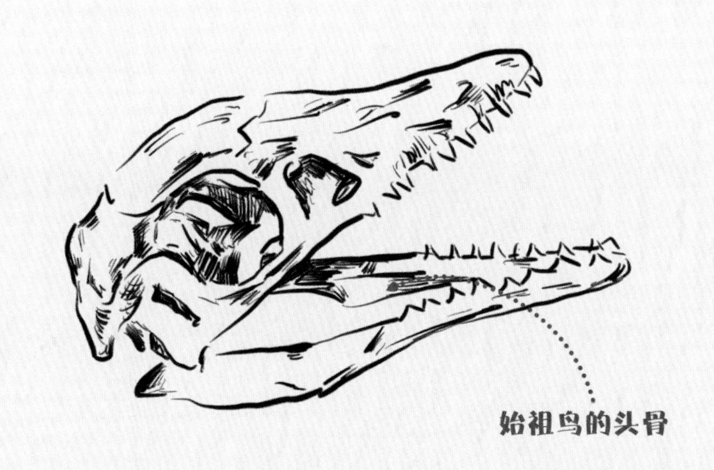

始祖鸟的头骨

同年，亚力克·沃克在《Nature》上发表了一篇文章，名为《鸟类和鳄类起源的新观点》。

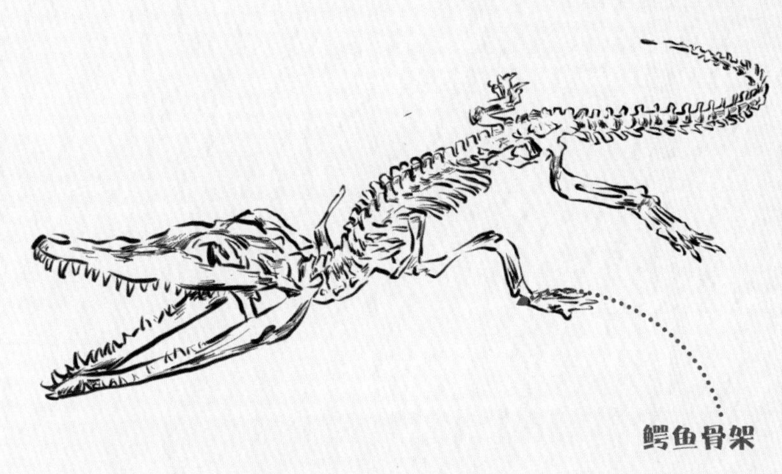

鳄鱼骨架

可这只能证明鳄类与鸟类之间可能存在某种亲缘关系。事实上，在1985年，亚力克·沃克放弃了之前提出的假说，转而支持恐龙起源说。所以，鳄类姊妹群起源假说就这样被束之高阁。

2000年，初龙起源假说开始盛行。初龙类是一个十分庞大的家族，它们生活在中生代，如槽齿类中的假鳄类、恐龙和翼龙等都是这个大家族中的一员。这样看来，初龙起源假说并没有明确指出鸟类和具体哪一类生物关系密切。所以，所谓的初龙起源假说和槽齿类起源假说、鳄类姊妹群起源假说大同小异，只是换了一个名字而已。

虽然人类无法穿越回中生代直接观察演化过程，但是随着越来越多的化石被发现，如中华龙鸟、胡氏耀龙、寐龙以及赫氏近鸟龙等，为恐龙起源说提供了直接的证据。

如果有一天，你在公园中听到悦耳的鸟鸣，你可以把它当作来自远古的恐龙的诉说；或者当你坐在快餐店准备吃香辣鸡翅时，你可以花一点时间，欣赏一下这个富有演化意义的鸡翅，然后再发一条朋友圈，秀一下自己品尝过的“恐龙肉”；又或者当你遭到“禽粪”的攻击时，可以说自己收到了来自恐龙的“礼物”。

虽然这些听起来很荒诞，但都是有科学依据的。

鸟类飞行起源

鸟类是恐龙的后代，它们的祖先在6600万年前侥幸逃生，从而才有了现在可以在天空中自由飞翔的精灵。

提起恐龙，你的脑海中会浮现出什么？

是《侏罗纪世界》中聪明的迅猛龙布鲁，还是《恐龙当家》中勇敢的雷龙阿洛？不论是谁，或许你都无法将它们同我们身边叽叽喳喳的小鸟联系起来。可是古生物学家在辽宁省西部发现了许多带羽毛的恐龙化石和鸟类化石，这些发现证明在很久以前，有一种小型兽脚类恐龙也想飞上蓝天，它们最终慢慢地进化为早期的鸟类。

迅猛龙布鲁

纵观漫长的生物演化史，有很多动物曾勇敢地向天空发起挑战，它们用翅膀、皮膜甚至是鳍来完成蓝天梦。

2006 年，在内蒙古宁城县发现了一种已经掌握飞行技巧的哺乳动物——远古翔兽，它们通过前后肢与身体两侧连接的翼膜进行滑翔。著名的飞蜥通过身体两侧延长的 5 ~ 7 对肋骨支撑皮膜进行滑翔，而飞鱼则通过长长的胸鳍进行滑翔。

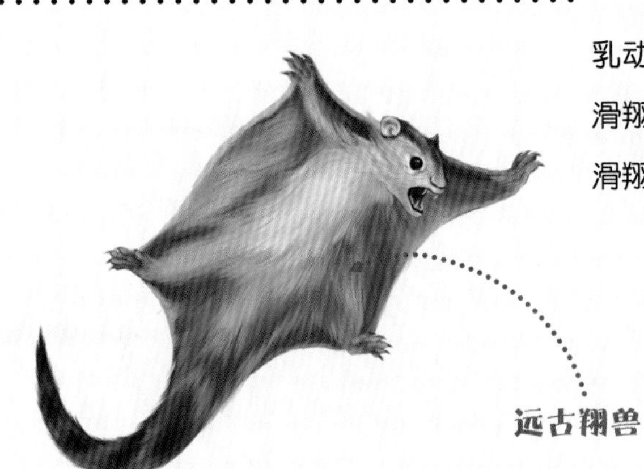
远古翔兽

虽然它们的飞行技术一般，只能像纸飞机似的划过天空，但它们为了飞向天空，努力地进行尝试。

历史上，只有三种脊椎动物真正飞向了蓝天，分别是早已灭绝的爬行动物翼龙、哺乳动物蝙蝠和鸟类。它们为了飞行，不惜改变自己的身体结构，演化出一种可以产生升力和推力的器官——翅膀。

尽管这三种动物都可以飞行，可它们翅膀的结构却各不相同。

翼龙的第五指退化，一、二、三指都有指爪，第四指极长（约为其他指的20倍），还有一种由支持纤维构成的薄膜——翼膜，这些共同组成翅膀。这种翅膀飞行时既省力又容易控制，可以让翼展超过10米的翼龙轻松自在地翱翔。

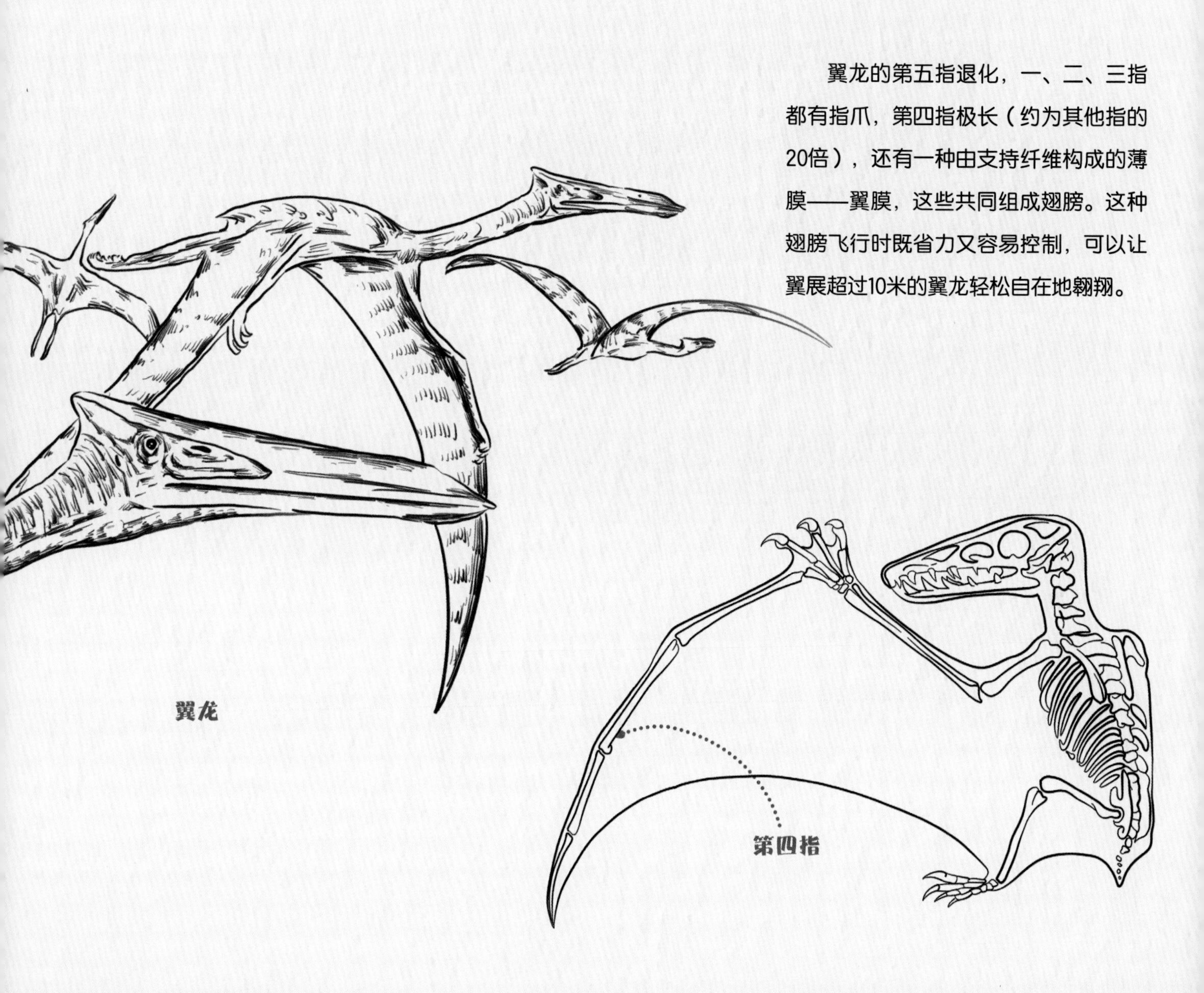

蝙蝠的翅膀和翼龙的翅膀很相似，都是由皮膜组成，不过蝙蝠的皮膜是由弹性纤维构成。两者的翅膀除了在组成成分上存在差异，支撑翅膀的指也存在不同。

皮膜

蝙蝠的前肢有五指，第一指保留了爪子的形态，其余四指拉长，和皮膜组成翅膀。

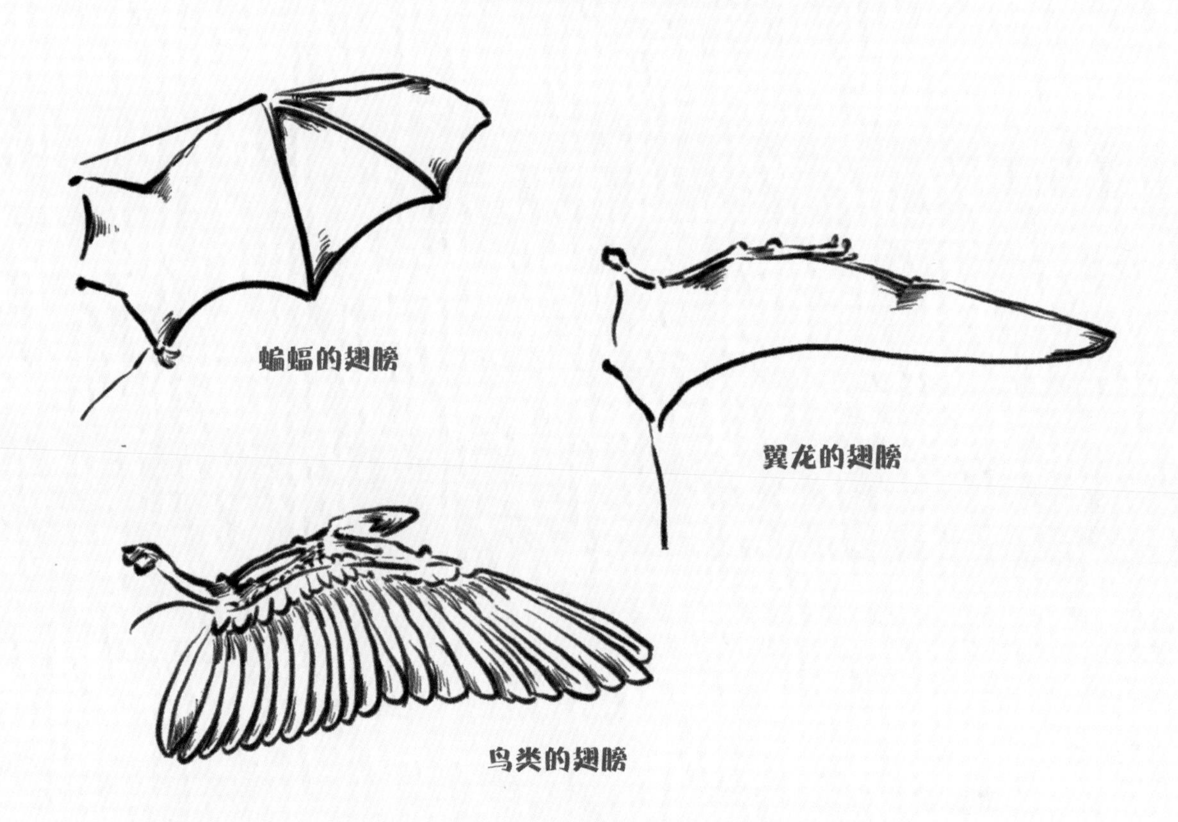

蝙蝠的翅膀

翼龙的翅膀

鸟类的翅膀

鸟类的翅膀则不同于翼龙和蝙蝠，由布满羽毛的前肢和部分愈合的手指构成。当它们上下扇动翅膀时，就会产生压力差，从而可以自由地在空中翱翔。

那么，问题来了，鸟类到底是怎样脱离地面，飞向蓝天的呢？

对这一问题，科学界一直众说纷纭，主要有两方观点对立的阵营：树栖起源假说与地栖起源假说。

阵营一：树栖起源假说

树栖起源假说在1880年由学者马什提出。

马什受始祖鸟的启发，认为鸟类的祖先同现生的脊椎动物一样，都是在树上生活的过程中逐渐学会飞行的，所以鸟类也是如此。纵观历史，通向天空最好的途径或许就是从高处落下。

不论是蝙蝠还是翼龙，它们都是利用了重力的特点，才得以飞行。而鸟类的祖先先爬到树上，然后从树枝上借助重力向下滑翔。飞行羽毛也是在这个过程中演化出来的。通过这一过程，鸟类最终获得了飞行能力。

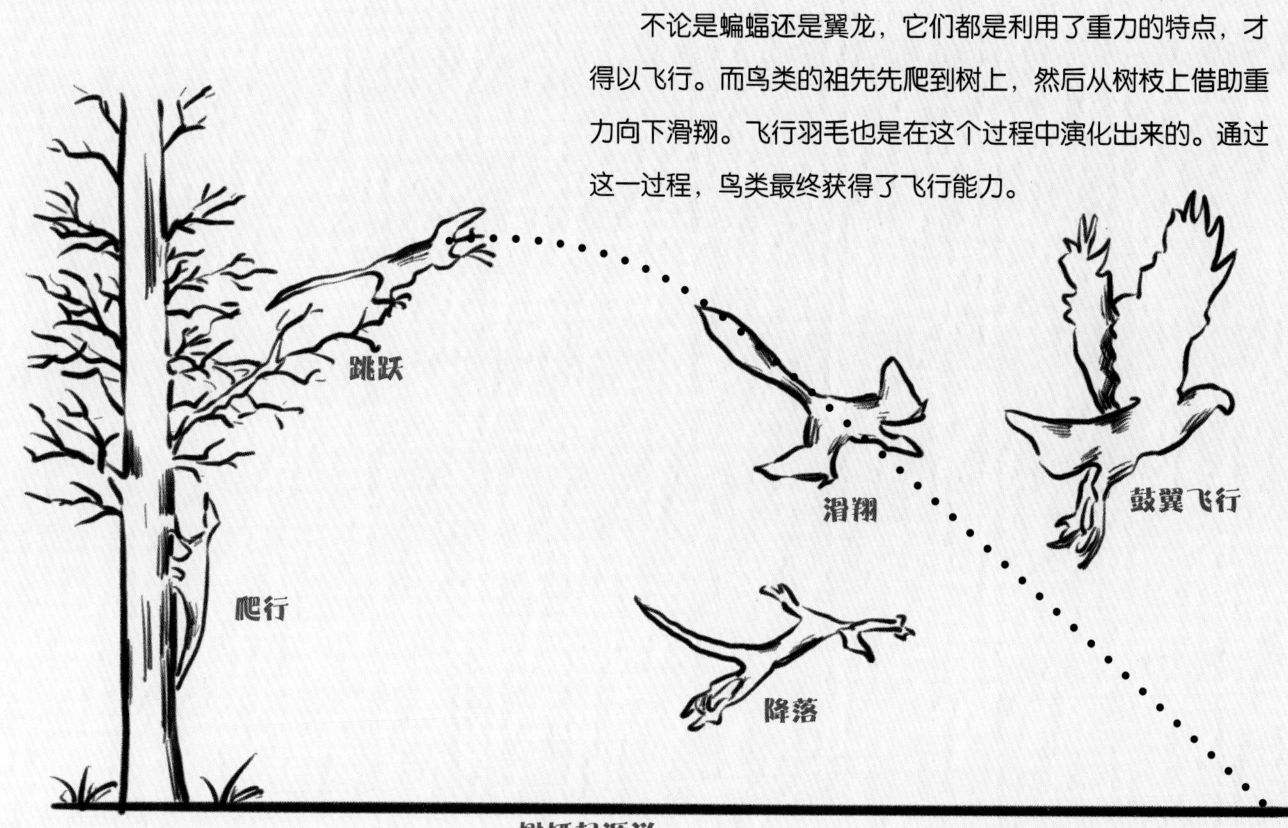

树栖起源说

后来，这个假说又被进一步完善。鸟类的祖先原本是在地面上生活的四足类爬行动物。随着时间的推移，这种四足类爬行动物逐渐演化为一种两足、可以爬树的原始鸟类。这种原始鸟类最初只能在树枝间跳跃，慢慢地可以在树与树之间滑翔。最终，它们掌握了主动飞行的技巧，成为“鸟生赢家”。这一过程漫长而又艰难，可能要经历从四足到两足的转化——树栖——短距离的跳跃——滑翔等阶段。

树栖起源假说的逻辑性较强，所以得到了许多学者的支持。而且，近年来，随着许多中生代鸟类化石的发现，这个假说不断被证实。

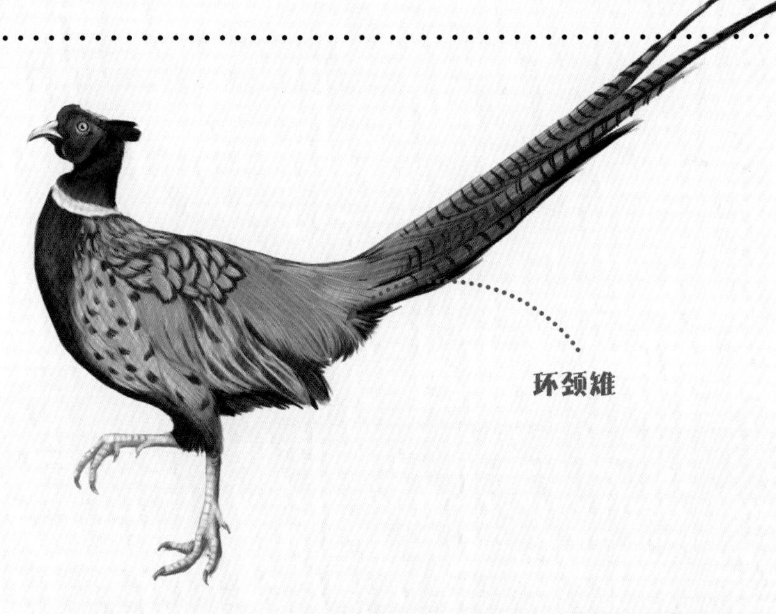

现代鸟类中，有一些鸟类主要生活在地面上，它们善于行走和奔跑。随着时间的流逝，为了提高奔跑的速度，它们趾节的长度逐渐变短。而生活在树上的鸟类，它们需要更好地抓握树枝，所以它们倒数第二节趾节明显变长。当然，还有一些鸟类既可在地面上活动，又可在树上活动，它们趾节的长度处于中间状态。

根据这一原理，科学家对比了始祖鸟和孔子鸟的趾节，发现始祖鸟的生活方式暂不明确，但是孔子鸟不仅可以在地面上生活，也可以在树上生活，而且很可能是以树栖为主。

孔子鸟

1993 年，在辽宁省北票市发现了一块鸟类化石。后来，这块化石以中国古代伟大的思想家孔子命名，这是已知最早的没有牙齿却拥有角质喙的鸟类。孔子鸟和鸡的大小相似，脊椎骨退化，雌雄有明显的差异。从进化的角度讲，它的形态特征比始祖鸟更具进步性。

随着时间的推移，树栖起源假说一点一点被夯实。2002 年在内蒙古宁城县发现的擅攀鸟龙和 2003 年发现的赵氏小盗龙都进一步支持了树栖起源假说。

赵氏小盗龙是一种体形较小的肉食性恐龙，它牙齿锋利，羽毛特殊，有四个翅膀，像一架双翼飞机。它的身体上不仅有绒羽状的羽毛，其前肢和后肢还有长长的飞羽或尾羽。更为奇特的是，它前肢上面飞羽的分布形式与现代鸟类相似，这使得它们成为为数不多生活在树上的“会飞”的恐龙。

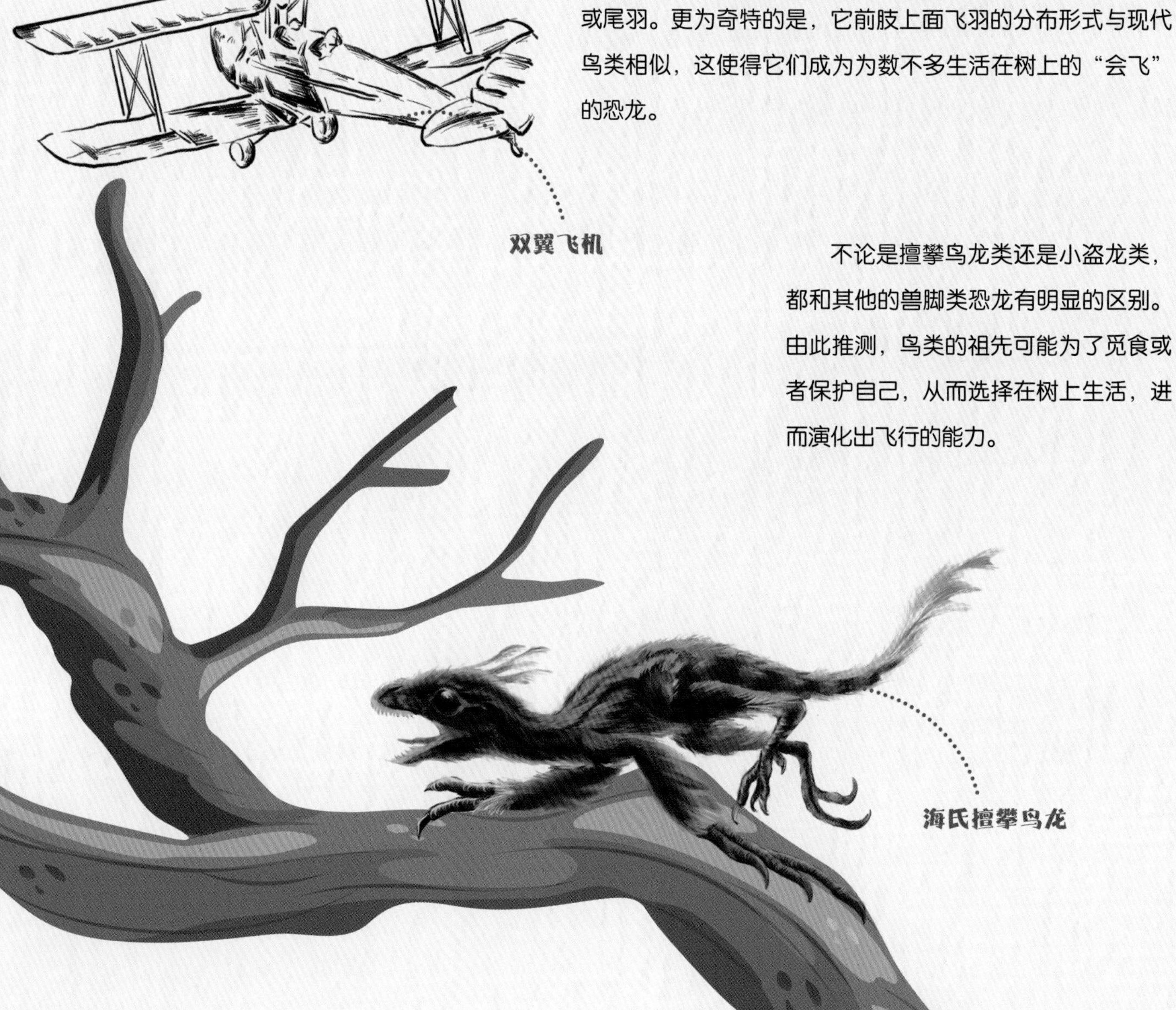

不论是擅攀鸟龙类还是小盗龙类，都和其他的兽脚类恐龙有明显的区别。由此推测，鸟类的祖先可能为了觅食或者保护自己，从而选择在树上生活，进而演化出飞行的能力。

阵营二：地栖起源假说

地栖起源假说中的昆虫网捕理论示意图

1879 年，威尔森提出了一种与树栖起源假说相对立的地栖起源假说，又被称为“陆地奔跑起源假说”。

他认为鸟类的祖先是在陆地上生活的小型兽脚类恐龙。它们为了捕食或者出于其他原因，会加速奔跑、跳跃。在这个过程中，它们的前肢变为翅膀，慢慢地获得了飞行能力。

奔跑的奥氏伶盗龙

从我们熟知的角度出发，鸟类的祖先本身就应善于奔跑，并在加速奔跑的过程中，渐渐飞离地面，就像我们乘坐的飞机。从解剖学的角度出发，小型兽脚类恐龙的体形较小，依靠后肢行走。它们行动敏捷，有较快的奔跑速度。而且，它们的骨头和鸟类一样，为了减轻体重，一部分骨头是中空的。诸如此类的特点说明它们是可以在快速奔跑的过程中飞离地面的。

不过，随着恐龙起源假说在科学界失宠，地栖起源假说在20世纪也受到了质疑。

直到一位名为约翰·奥斯特罗姆的学者重新研究始祖鸟和兽脚类恐龙后，发现两者在筑巢、骨骼结构等方面有很多相似之处，地栖起源假说才又进入人们的视野。

此后，从1974年开始，许多古生物学家进一步补充完善了地栖起源假说。古生物学家认为，地栖起源假说主要由奔跑——跳跃——扑翅——落地四部分组成，其中最关键的一步是扑翅。

扑翅

跳跃

奔跑

落地

地栖起源假说

读到这里，你肯定会想，鸟类的祖先为什么会扑翅呢？

针对这一点，一些学者作了进一步的解释。他们认为，小型兽脚类恐龙在追逐一些昆虫、蜥蜴等猎物的过程中，主要依靠后两足奔跑，这样前肢就被解放出来，进而在猎食的时候做出拍打动作，渐渐地演化成扑翅的行为。这一点，只有两足行走的恐龙才能做到，像远古翔兽、蝙蝠等脊椎动物是不可能学会这项技能的。与此同时，原先覆盖在身体上的羽毛会逐渐变长，最终演化为翅膀上的飞羽。

2002 年，古生物学家在辽宁省锦州市发现了一块保存完整的生物化石。

经研究，发现化石主人没有牙齿，前肢比后肢长，还有较长的尾羽和适合飞行的羽毛。古生物学家认为它具有一定的飞行能力，所以将其命名为“中华神州鸟”。

中华神州鸟的第一趾并没有反转，与其他趾的方向相同，所以它和始祖鸟一样，并不具备抓握的能力。古生物学家据此认为它不能在树上生活。这一发现为地栖起源假说提供了有力的依据。

中华神州鸟的化石

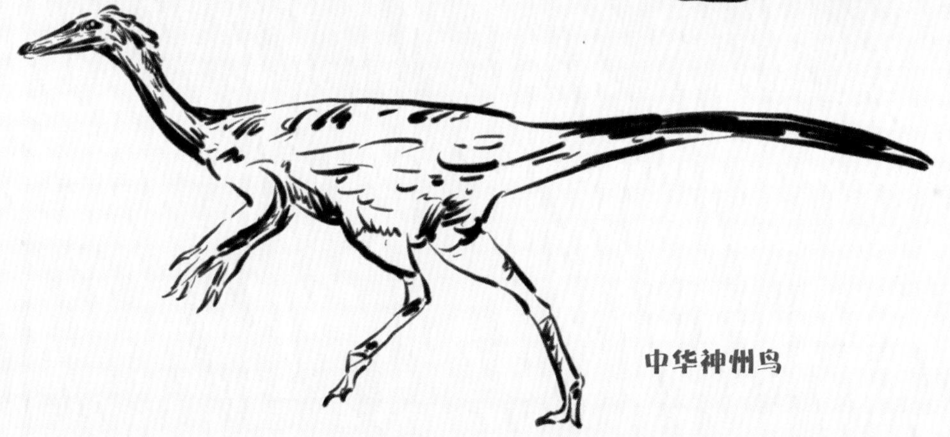

中华神州鸟

在古生物学家就树栖起源假说和地栖起源假说争论不休的时候，一种介于两者之间的学说在 2003 年被提出，这是一种比较新的理论。

这个理论由鸟类学家肯·戴尔提出。

石鸡的翅膀

他发现年幼的地栖性鸟类跟它们的父母学习飞行本领时，会拍打自己未成形的翅膀，以使自己慢慢地跃起。

所以，肯·戴尔准备着手做一个实验。当他向一位给自己提供石鸡的牧场主展示自己的实验装备时，牧场主觉得很不可思议。因为石鸡虽为地栖性鸟类，但它们并不是很喜欢在陆地生活，它们更喜欢灌木丛或者一些较高的地方。

于是，肯·戴尔又在实验室中加了一些干草垛供石鸡休息。他发现这些石鸡是用腿和翅膀的力量奔跑着爬上干草垛。石鸡会向下、向后扇动它们的翅膀，这个动作并不是要飞行，而是为了它们的脚能更稳固地抓住地面。

石鸡

而后，肯·戴尔又做了一些实验。他将一些没有飞行能力的幼鸟放在一块倾斜的木板上，然后观察这些幼鸟的表现。在倾斜角度为 30° 的木板上，幼鸟可以轻松地用后肢的力量跑上去；在倾斜角度为 45° 的木板上，它们依旧可以跑上去；在倾斜角度为 60° 的木板上，它们表现得有些困难，在用后肢力量的同时，还会扇动翅膀；而在倾斜角度为 70° 的木板上，即使有翅膀的力量，它们也无能为力。不过，若将实验对象换成一些成鸟，它们会一边扇动翅膀一边向上奔跑，甚至能爬上 90° 的垂直面。据此提出的理论被称为“斜坡起源假说”。

也就是说，鸟类的祖先很可能是为了躲避危险才出现用翅膀辅助后肢攀爬的行为。当它们从树上下来的时候，就会扇动着翅膀跳下来，这种行为促进了羽毛和翅膀的演化，攀爬的行为进而逐渐演化为真正的飞行。

斜坡起源假说为鸟类的祖先——小型兽脚类恐龙转变为一个长有羽毛的飞行者提供了一个具有过渡性的解释。

不论是哪一种假说，似乎都有一些说不通的地方。比如树栖起源假说中，最关键的一步是鸟类的祖先首先要爬到树上，有了高度差，借助重力，才可以进行下一步的飞行演化，就像其他会飞的脊椎动物一样。

斜坡起源假说示意图

鸟类的羽毛

那么问题来了，不论是蝙蝠、翼龙还是飞蜥，它们都是靠一层薄薄的皮肤——翼膜来飞行的，鸟类为什么不用翼膜，而是进化出复杂的羽毛结构呢？而且作为树栖性鸟类，它们的脚趾必须能够紧紧地握住树干，所以孔子鸟的发现为树栖起源假说提供了最有力的证据。

可是近年来，许多学者认为，在化石形成的过程中，化石中生物体的姿势很可能会出现扭曲，所以单纯地看大拇指的形态和位置，并不能证明什么。

除此之外，你是否想过，鸟类的祖先为什么非要通过爬树来产生高度差呢？

为什么不能是土丘、体积大的岩石或是山崖呢？爬得高一点是为了保护自己，还是为了寻找食物？

如果说鸟类的祖先是为了保护自己，可是你知道吗，它们本身就是一种肉食性恐龙，虽然体形较小，但也是其他小型哺乳动物、昆虫或者蜥蜴避之唯恐不及的物种，位于食物链的顶端。偶尔遇到强大的对手，它们可能会爬到树上，但这并不是经常性行为，后期更不可能演化为飞行。如果说鸟类的祖先是为了寻找食物，可是地面上的食物已经很充足了，没有必要非得克服重重困难去爬树。

地栖起源假说存在的主要问题是鸟类不是仅依靠翅膀就能飞行，还需要特殊的肌肉结构和灵活有力的肩部配合翅膀的拍击动作，这样才可以产生飞行时的升力和推力。

可是这些特征在始祖鸟和小型兽脚类恐龙中并没有出现，难道鸟类的祖先真的可以只依靠奔跑或者是跳跃获得升力和推力，从而克服重力的束缚，让身体离开地面吗？

至于斜坡起源假说，其关键点是要有斜坡。但这是一种特定的情况，将飞行起源这么复杂的问题放在一个特定的情况中，未免带有局限性。

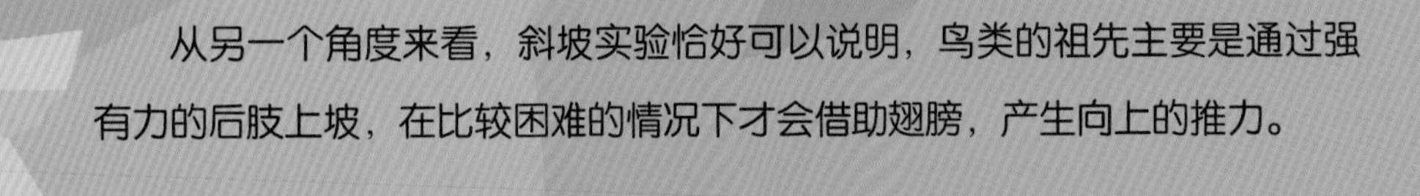

从另一个角度来看，斜坡实验恰好可以说明，鸟类的祖先主要是通过强有力的后肢上坡，在比较困难的情况下才会借助翅膀，产生向上的推力。

事实上，一些学者已经提出，有关飞行的起源问题，不论是树栖起源、地栖起源，还是斜坡起源，都不能一概论之。这本身就是一个极其复杂的问题，可能这三种起源说所对应的阶段都包含在其中。

目前，还有许多化石的秘密还未被揭开，所以对于飞行起源的研究还在继续，但我们相信，在不远的将来，这个问题会有一个令我们满意的答案。

自然演化中的奇迹：羽毛

恐龙为了飞向蓝天，不断进行演化。擅攀鸟龙家族的发现向我们展示了“一条不可思议的冲上蓝天之路”。尽管如此，恐龙中最终只有一个分支获得成功，进化为如今的鸟类。

它们经过漫长的时间进行演化，逐渐优化自己的飞行技能，渐渐地成为天空的霸主，这一切要归功于翅膀和羽毛。

一只麻雀的身上大约有 3500 根羽毛，一只大天鹅的身上有 2 万多根羽毛。

鸟类、蝙蝠和翼龙都会飞，它们之间最大的区别在于羽毛。

那么，羽毛到底是什么呢？如果有人和你说，他喜欢收集一种表皮细胞衍生的角质化产物，乍一听，你会不会觉得很奇怪？如果我问你，玩过羽毛球吗？穿过羽绒服吗？你一定会毫不犹豫地告诉我，当然。

那么，他喜欢收集的正是羽毛球和羽绒服共有的一种东西——羽毛。

羽毛是自然演化中的奇迹，它可以很柔软，也可以很坚硬；它可以很平整，也可以有分支；它可以小如笔尖，也可以长如汽车。如果将世界上所有的羽毛排列起来，可以绕地球 n 圈。羽毛是进化史上一次巨大的飞跃，这一点毋庸置疑。

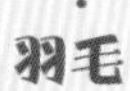

那么，问题来了，如同“先有鸡还是先有蛋”这一亘古难题，到底是先有羽毛还是先有鸟类呢？其实，这一问题可比鸡和蛋的问题好回答。

羽毛是到中生代才慢慢演化出来的。1860 年，在德国索伦霍芬的采石场中发现了一块保存完整的羽毛化石。第二年，又发现了一块骨骼完整且长有羽毛的化石。

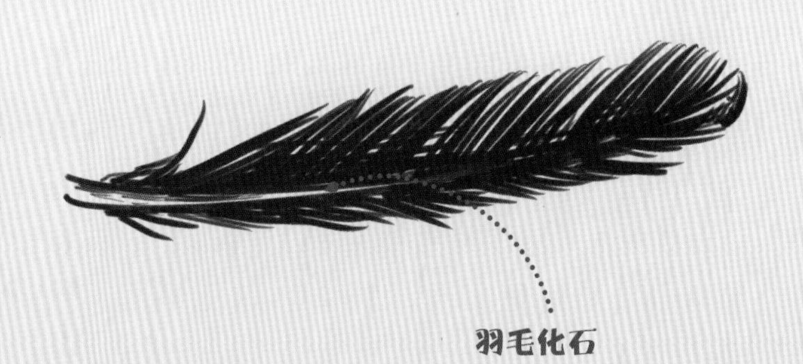

羽毛化石

如果你还记得前面的内容，那你肯定知道这块骨骼完整且长有羽毛的化石就是在整个科学界影响巨大的始祖鸟的化石。

始祖鸟化石

不用我说，想必你也能猜到这块化石的发现必然会引起极大的关注。所以，大家都想获得它的所有权，最后出价最高的大英博物馆（700 英镑）拥有了这块化石。这只始祖鸟生前绝对不会想到，自己竟然这么值钱。

理查德·欧文当时在大英博物馆任职，他极力促成了这笔交易。拿到始祖鸟化石后，他急匆匆地在不到三个月的时间内公布了自己的研究结论：始祖鸟是一种已知最早的已成形的鸟类。显然这个结论并不准确，如今始祖鸟早已从“鸟之始祖”的神坛下来。不过，它身上有清晰的羽毛痕迹，这一点是无法否定的。

理查德·欧文

理查德·欧文是英国著名的古生物学家，同时也是维多利亚女王的高级参谋。1842 年，他创造出“Dinosaur”一词，意为恐怖的蜥蜴，译成汉语便是“恐龙”。晚年的他一直致力于向普通群众开放博物馆。

羽毛只有在极其特殊的条件下才可以保存在化石中，所以始祖鸟化石中的羽毛在很长一段时间内都是孤例。直到 1996 年，古生物学家季强从辽宁省一位农民手中，以 6000 元人民币的价格收购了一块奇怪的化石。如果说理查德 · 欧文以 700 英镑的价格购买始祖鸟化石是一笔相当不错的买卖，那这块奇怪的化石简直算是白送的。

理查德 · 欧文

读到这里，你对这块奇怪的化石还有印象吗？

没错，它就是大名鼎鼎的中华龙鸟的化石。中华龙鸟全身覆盖着一簇簇的鬃毛状羽毛，古生物学家称这种羽毛为“原始羽毛”。

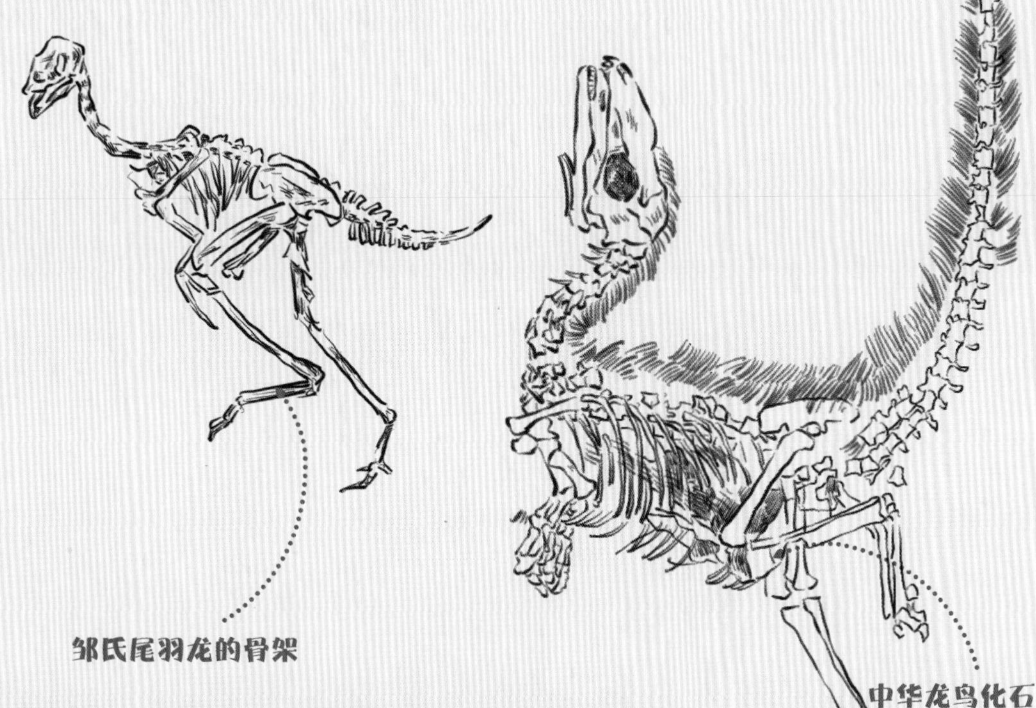

邹氏尾羽龙的骨架

中华龙鸟化石

1997 年，季强等人在辽宁省北票地区又发现了一块带有羽毛的化石。为了感谢当时的国务院副总理邹家华给予的支持和帮助，古生物学家在 1998 年将这块化石命名为“邹氏尾羽龙”。

邹氏尾羽龙是窃蛋龙家族的一员，它们的体形较小，只在上颌部（口腔的上面部分）保留着几颗细小的牙齿。邹氏尾羽龙的化石中可以清晰地看到羽毛的痕迹，它们的身上覆盖着绒状羽毛，而前肢和尾巴末端的羽毛已经演化出对称的羽片和羽轴。

但可以提供飞行能力的羽毛是不对称的，所以这些羽毛的作用很可能只是为了美观。

1999 年，古生物学家徐星命名了一种全新的长有羽毛的兽脚类恐龙。这块化石被捡到的时候已经破碎，经专业人员修复，古生物学家发现这是一种长相奇怪的恐龙的化石。因为这块化石的发现充满意外，再结合它的发现地，徐星将其命名为“意外北票龙”。

意外北票龙是镰刀龙家族的一员，同时也是恐龙王国中的“四不像”。也许你只听过现生的动物麋鹿被称作“四不像”，比如单独看它的蹄子，你会认为这是一头牛，可是从整体看，它又不像牛。

从意外北票龙的牙齿来看，它很像植食性恐龙，可是它带着巨爪的手指又是肉食性恐龙所具有的特征。更有意思的是，意外北票龙的背部到尾部都覆盖着近 5 厘米的丝状羽毛，这些羽毛的羽轴又宽又硬，并且没有分叉。意外北票龙的发现改变了我们对于恐龙的认知，或许很多恐龙并不是身披鳞甲，而是全身长满原始形态的羽毛。

所以，你准备好迎接一只毛茸茸的暴龙了吗？

意外北票龙的骨架

1999 年，徐星等人还命名了一只恐龙。为了迎接即将到来的千禧年，他们将这只恐龙命名为“千禧中国鸟龙”。

千禧中国鸟龙的化石被发现时，小恐龙大大的脑袋向后扭着，露出锋利的牙齿。它全身几乎都覆盖着羽毛。羽毛分为两种：一种是一簇簇的丝状物；一种是分布在前肢上面，具有羽轴结构的羽毛。通过它的羽毛，可以判断出它还不具备飞行能力；但是从骨骼结构，可以判断出它能够做出拍打翅膀的动作。所以，它的发现为地栖起源假说提供了依据。

十年之后，科学家发现，千禧中国鸟龙的牙齿可以像现生动物蛇一样分泌出毒液，从而麻痹猎物。它是世界上第一种可以分泌毒液的恐龙。

千禧中国鸟龙

2000 年，在辽宁省西部的热河生物群中又发现了一块小巧玲珑的恐龙化石。这只恐龙长有四个翅膀，你知道它的名字吗？没错，它就是赵氏小盗龙，由徐星等人命名，其中赵氏指中国古生物学家赵喜进。千万不要小看这个小盗龙，它在科学界可是很有名气的，是“中国恐龙五宝”之一。

它的命名之路比较坎坷，还经历了一场骗局……

“中国恐龙五宝”

一宝：化石发现于四川地区的马门溪龙，它拥有世界上最长的脖子。
二宝：化石发现于云南省禄丰市的禄丰龙，它被称为“中华第一龙”。
三宝：化石发现于新疆地区的单嵴龙，它的头上顶着一个冠。
四宝：化石发现于辽宁地区的小盗龙，它的身上长有羽毛。
五宝：化石发现于山东地区的青岛龙，它的嘴里有 1000 多颗牙齿。

1999 年 2 月初，美国一位恐龙博物馆的馆长在化石市场淘到了一个保存完好的标本，它长着鸟一般的嘴巴和羽毛，还有一条恐龙的尾巴。这不正是龙和鸟的连接点吗？

二宝

同年11月，美国《国家地理》杂志发表了一篇题为《霸王龙有羽毛吗？》的文章，用了近10页的篇幅报道这一重磅消息，并将这种新物种命名为“辽宁古盗鸟”，称它是人们一直在苦苦寻找的恐龙与鸟之间缺失的那一环。

真相从来不会迟到，而且很快便到来了。同年12月，徐星发现他手上有一块化石正是“辽宁古盗鸟”尾巴的正模标本。

辽宁古盗鸟

他很快便揭露了“辽宁古盗鸟”的真实身份：一只上半身为燕鸟的化石，下半身为小盗龙的化石拼凑起来的怪物。消息一出，便在西方的古生物学界引起轩然大波。为此，美国《国家地理》杂志发表致歉声明，并与徐星签署了一份将“辽宁古盗鸟”于 2000 年 5 月无偿归还中国的协议。这是外国博物馆第一次将从中国流失到国外的具有重要研究价值的古脊椎动物标本无偿归还中国。

小盗龙化石

从1860年发现始祖鸟开始，到中华龙鸟、尾羽龙，再到小盗龙，这些带有羽毛的恐龙化石，为羽毛演化的研究提供了许多信息。

理查德·普鲁姆等人的想法似乎得到印证。

他们认为，羽毛是在羽毛滤泡中发育而来，而羽毛滤泡就是皮肤上面一个个的小突起，像我们受冷或感到惊恐时产生的鸡皮疙瘩。

羽毛的演化过程是由简到繁，逐一递进的，从最初没有分支的管状羽毛（第一时期）到简单分叉的细丝状绒羽（第二时期），到羽轴和羽枝形成（第三时期），再到对称的羽片出现（第四时期），最后不对称的飞羽出现（第五时期）。羽毛演化的这五个时期在保存有羽毛的化石中都得到了验证。

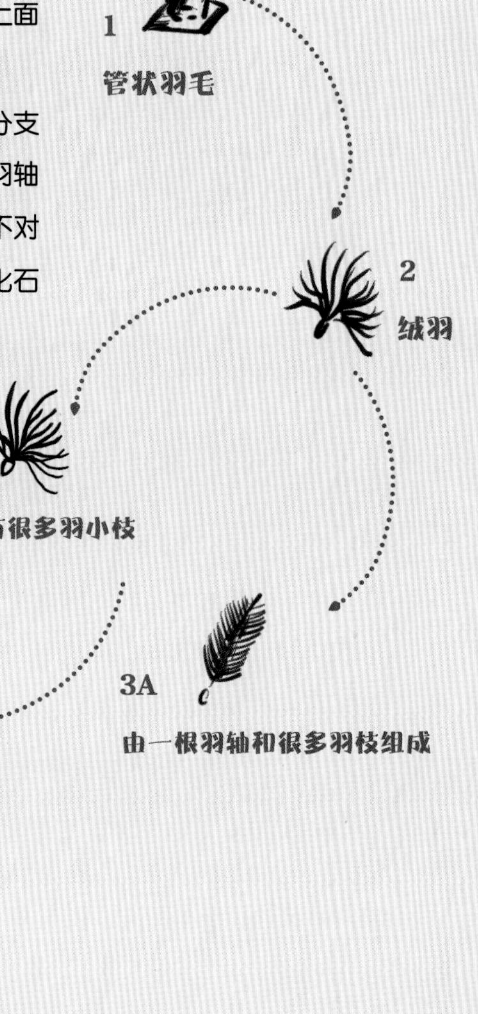

理查德·普鲁姆是耶鲁大学的鸟类学教授。他认为，要想知道羽毛的演化过程，首先要了解羽毛的生长过程。

理查德·普鲁姆

到目前为止，科学家仔细研究各种保存有羽毛的恐龙化石，并据此将羽毛分为9种形态。在介绍羽毛形态时，你可以想一下每一种羽毛形态所对应的恐龙有哪些。

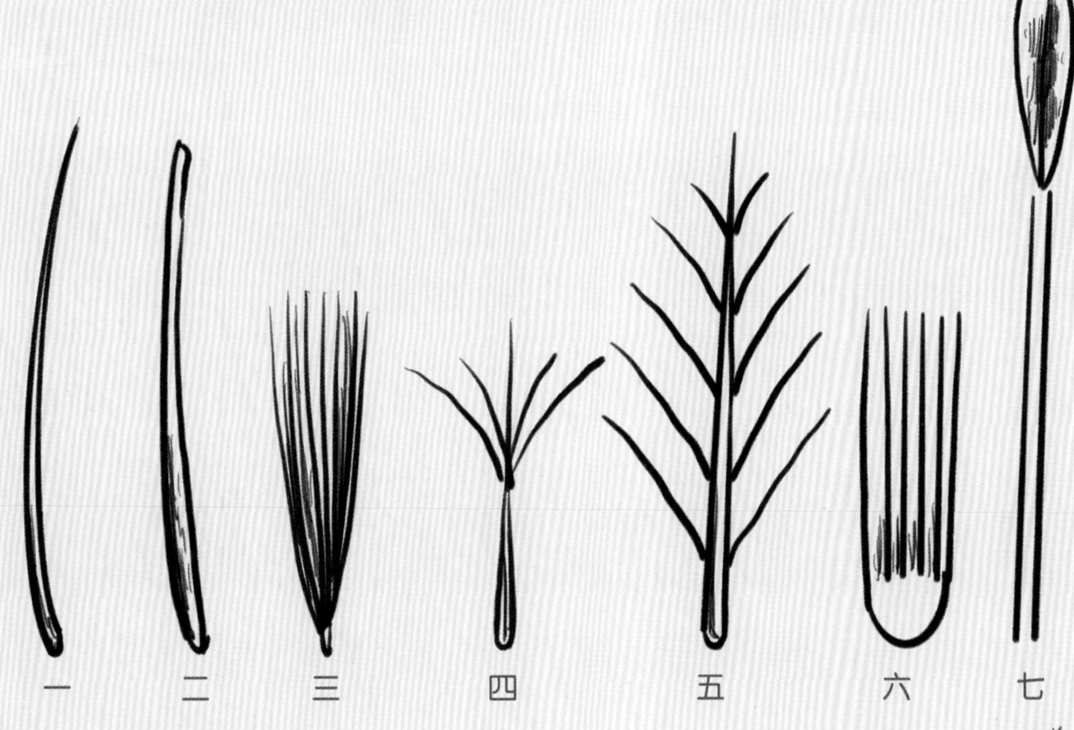

第一种：相对较长、较硬的单根细丝状。

第二种：在第一种形态基础上变宽。

第三种：像蒲公英似的有一个中心点，并由此延伸出许多丝状物。

第四种：从一根细丝的顶端散发出短羽枝。

第五种：在第四种形态的基础上，再从两侧分叉。

第六种：膜状边缘长有许多细丝，且平行。

第七种：近端是较粗的杆状，没有羽枝；远端呈羽状。

第八种：有明显的羽轴和左右对称的羽片。

第九种：羽轴弯曲，羽面不对称。

具有第一种羽毛形态的恐龙在本书中没有出现过，不过我想它对你来说并不陌生。它就是鹦鹉嘴龙，因其嘴巴酷似鹦鹉嘴巴而得名，它的尾巴上长有单根细丝状的羽毛。

由此可以看出，羽毛的演化过程是反复的，只有当新的形态特征趋于稳定后，才会继续呈现多元化的特点。就像我们现在抬头看到的鸟类，它们的羽毛主要有三种类型，发挥着不同的作用。

结构最为复杂的羽毛是正羽，它承担着飞行的重任。而正羽中的飞羽，它的形状像飞机的机翼，是一个生物体能否起飞的关键因素。

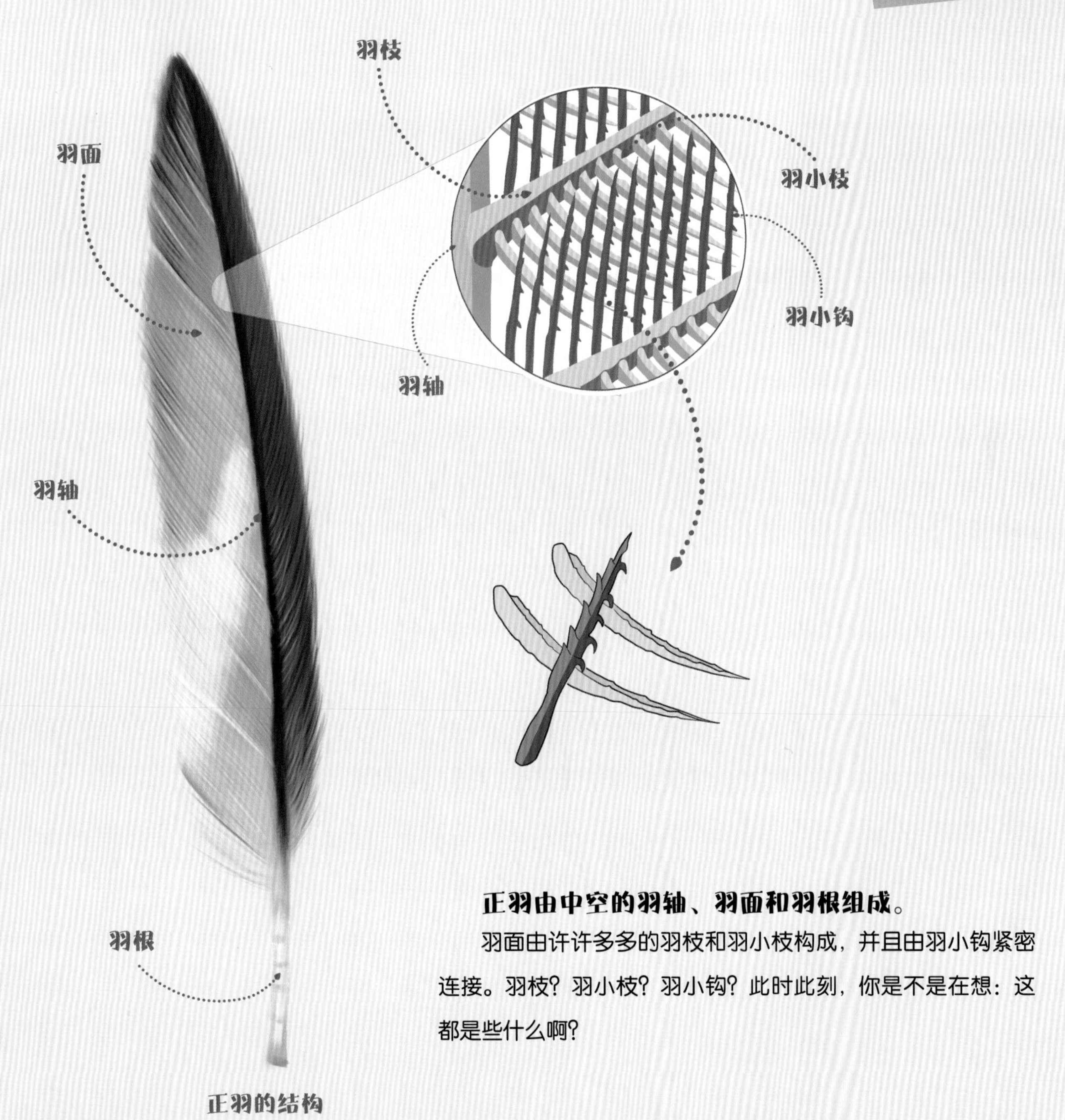

正羽的结构

正羽由中空的羽轴、羽面和羽根组成。

羽面由许许多多的羽枝和羽小枝构成，并且由羽小钩紧密连接。羽枝？羽小枝？羽小钩？此时此刻，你是不是在想：这都是些什么啊？

我们换一种思路，你可以把正羽想象成一棵参天大树。这棵大树的根部就是羽根，树干就是羽轴，在树干上生长的树枝就是羽枝，树枝上长出的枝丫就是羽小枝。而羽小钩就在羽小枝上，将这些羽枝按相同方向，紧密而连续地排列在一起，形成羽面。

除了正羽，还有一种紧挨着皮肤的羽毛——绒羽。或许你对这个名字感到陌生，但我相信每个人都接触过绒羽，羽绒被、羽绒服里都有绒羽。只要是需要温暖的地方，就有它们的身影。

纤羽，也被称作毛羽。它长得有点像头发，是一种用于感知的羽毛，介于正羽和绒羽之间。

纤羽

正羽、绒羽和纤羽，它们的形态、功能各不相同，它们组合在一起时，才能给予生物体全方位的保障，不仅可以让它们飞行，还能让它们远离寒冷，有了可以炫耀的资本。

提起炫耀，你首先想到的是什么呢？你还记得恐龙王国中最爱炫耀的是谁吗？

没错，论爱美、爱炫耀，耀龙当属第一。

不过最初的羽毛对于恐龙来说，可能只是为了保暖，然后经过数个阶段的演化后，慢慢才有了炫耀和飞行的功能。可只要长出羽毛，就能拿来炫耀吗？

当然不是，有色彩的羽毛才可以。

想象一下，身披七彩羽衣的红腹锦鸡和开屏的孔雀，是何等的美丽。这些绚丽的色彩，是大自然给我们准备的一场视觉盛宴。

当你被丰富多彩的颜色所吸引时，是否想过为什么会有这么多的颜色？

其实，这一切源于结构色和色素色。

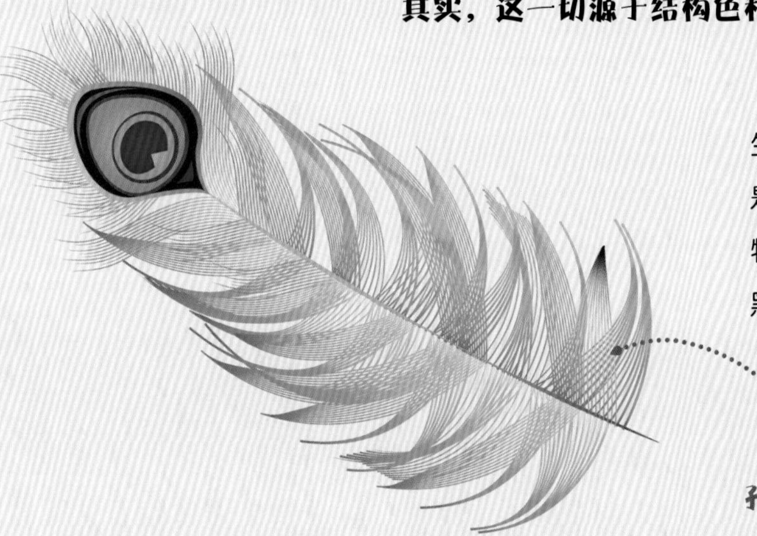

孔雀羽毛

结构色因光波折射、漫反射、衍射等而产生，孔雀胸腹部的颜色就是结构色。色素色则是昆虫着色的基本形式，由生物体内某些化合物吸收某种长光波，并反射其他光波而产生，黑枕黄鹂羽毛的颜色就是色素色。

举一个生活中常见的例子，把静置的清水和洗洁剂放在一起的时候，我们并不会看到什么颜色。而在泡泡机里装上清水和洗洁剂，在阳光下释放出泡泡时，这些泡泡就会呈现出赤橙黄绿青蓝紫的彩虹色。不过，若光被全部反射回来，我们看到的就是大天鹅洁白的颜色；若被全部吸收，我们看到的就是小盗龙乌黑的颜色。

什么？小盗龙是黑色的？或许在你的印象中，很多恐龙是有各种颜色的。

亚洲象

可真的是这样吗？当然不是。恐龙的皮肤、羽毛等软组织难以保存，即使是保存下来的软组织，因地质的原因，也无法显示出真实的颜色。科学家们在复原恐龙时，会根据推测，给这些恐龙加上一些颜色。

如果是一些植食性恐龙，科学家会参照大象等大型的植食性动物来推测颜色；如果是一些肉食性恐龙，会参照鳄鱼等动物来推测颜色。

鳄鱼

而小盗龙的羽毛本来就是黑色的，在阳光的照射下，还会呈现出美丽的彩虹般的光泽。赫氏近鸟龙的头顶是鲜艳的红褐色，脸部的羽毛主要呈黑色，散布有一些红褐色的羽毛，前肢的羽毛呈黑白相间的条纹状，后肢呈灰色。中国发现的第一只长有羽毛的恐龙——中华龙鸟，其身体上的羽毛是橘色的，尾巴上的羽毛呈白色和橘色相间的条纹状。

小盗龙

中华龙鸟

上述三种恐龙羽毛的颜色，是经专家复原后确认的。

那么，问题来了，专家是如何确认这几种恐龙的颜色的？

其实，早在2006年，一位学者受到乌贼墨囊的启发，联想到恐龙和现代生物一样，应该也具有一种被储存在黑素体中的黑色素。黑素体其实就是一种制造和储存黑色素的细胞结构，它们大小、形状和排列方式不同，从而呈现出不同的颜色。

乌贼墨囊

现代有的鸟类身披着五彩斑斓的羽衣，这也是由黑素体的排列顺序决定的。而一个群体内的动物，比如恐龙和鸟类，它们的黑素体，从颜色到形状，应该是一致的。所以，按照这个原理，科学家们应用电子显微镜，在储存于化石中的羽毛中找到黑素体，并观察它们的排列方式，之后将这种排列方式和现生鸟类羽毛的排列方式进行比对，这样便可以窥探到恐龙羽毛中色彩的秘密，从而给恐龙“涂色”。

不过，目前我们只能知道卵圆形的黑素体呈现出黑色系，球形的黑素体呈现出红褐色系，而没有色素体分布的地方呈现白色。

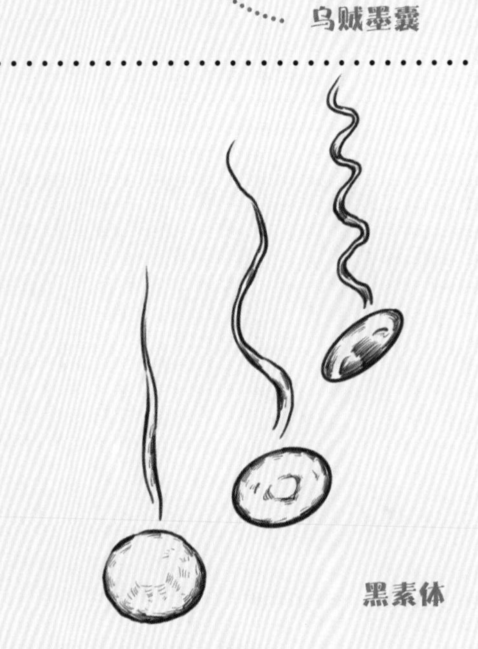

黑素体

彩虹龙黑素体排列对比　　蜂鸟黑素体排列对比

其实，恐龙羽毛中的黑素体在很早以前就被发现了，但科学家一直把它当作某种细菌。

显然，科学理论的完善要经历一个过程，很少有科学理论从一开始就是完美的。即便我们现在掌握了通向恐龙颜色之门的钥匙，但目前所识别出的恐龙的颜色还很少，原因在于黑素体只能在保存较好的化石中发现。也许某一天你会看到一只赤红色的暴龙出现在眼前。

第四章 追寻恐龙

提起恐龙，许多人脱口而出的可能是暴龙、三角龙、梁龙和腕龙，但这些都是生活在史前北美洲的恐龙。你是恐龙迷吗？你能说出几种生活在中国的恐龙？你知道世界上发现恐龙数量最多的是哪个国家吗？

截至 2022 年 4 月，中国已经研究并命名了 338 种恐龙，并且每年还在以 10 个左右的速度增长。目前，古生物学家在全国 22 个省级行政区发现了恐龙化石，其中辽宁、内蒙古和四川地区埋藏着丰富的恐龙化石，是名副其实的“恐龙大户”。

擅攀鸟龙家族来报到

70
我心爱的
耀龙
我是奇翼龙，我的化石发现
于河北省青龙满族自治县。
我是长臂浑元龙，我的化石
发现于辽宁省西部的燕辽生
物群。
ERASER
LATEX - FREE